Jul.

人间修炼指南

半佛仙人 著

做清醒的聪明人

北京联合出版公司
Beijing United Publishing Co.,Ltd.

图书在版编目（CIP）数据

人间修炼指南 / 半佛仙人著 . -- 北京：北京联合出版公司，2022.4
ISBN 978-7-5596-5921-7

Ⅰ.①人… Ⅱ.①半… Ⅲ.①成功心理—通俗读物 Ⅳ.① B848.4-49

中国版本图书馆 CIP 数据核字（2022）第 021532 号

人间修炼指南

作　者：半佛仙人
出 品 人：赵红仕
责任编辑：王　巍

北京联合出版公司出版
（北京市西城区德外大街 83 号楼 9 层　100088）
河北鹏润印刷有限公司印刷　新华书店经销
字数 243 千字　700 毫米 × 980 毫米　1/16　印张 18.25
2022 年 4 月第 1 版　2022 年 4 月第 1 次印刷
ISBN 978-7-5596-5921-7
定价：66.00 元

版权所有，侵权必究
未经许可，不得以任何方式复制或抄袭本书部分或全部内容
如发现图书质量问题，可联系调换。质量投诉电话：010-82069336

我希望大家看完这本书后，可以理解这样一套决策思维，让自己的人生少些乱七八糟的变数，让自己的生活变得更加可控。

自　序

世界上有太多盲点，并不代表这些盲点不重要，相反，在某个节点这些盲点很有可能会让你的人生陷入崩塌。

这本书对你最大的意义，便是告诉你这个道理。

作为一个风控从业者，我的世界观的基石之一是做每件事情都有代价；之二是总有外在风险需要防范；之三是我不犯错，最后就会赢。

你看，这套逻辑用在吃鸡游戏里就特别合适。

如果用一句话来形容这本书，那就是：通过不同领域的文章来告诉你，生活要小心翼翼，不要任性，抓住自己的核心利益，尽可能少犯错，然后做一些有利于自己的决策。

没有什么豪迈的故事，也没有张扬的情感，就是希望你的生活不要因为一些乱七八糟的事情走向一个乱七八糟的方向。

很多人的中年危机，其实就是年轻的时候不信邪的事情做得太多了。

虽然这本书特别适合年轻人看，但年轻人肯定会非常讨厌我这种控制风险的观念，毕竟人不轻狂枉少年，对不对？

当年我身边有大量这样的年轻人，现在他们普遍都想要"抽死"年轻时候的自己。

过把瘾，不看明天，是非常豪迈的，如果能不后悔，那就更好了。但是不后悔的人我见得少，后悔的人太多了，很多看似不后悔的人，其实是打肿脸充胖子。

当然，也不是说不可以赌啦，人生有时候的有些场景确实需要勇敢一些，但前提是你已经预判到了后果，并且觉得可以承担。

关键问题是，现在太多人啥都没搞清楚就闷头往里冲，最后可不就是"死"得很难看嘛。

另外从写书的角度来说，教大家"梭哈是一种智慧"是非常缺德的事情。大家买书都花钱了，是我的甲方了，怎么能让甲方去赌呢？

要赌，就自己赌，不要劝人赌，这是一个基本的道德，也是风险管理的准则。

所以，我希望大家看完这本书后，可以理解这样一套决策思维，让自己的人生少一点乱七八糟的变数，让自己的生活变得更加可控一些。

废话够多了，大家看书吧。

目录

第一章
人间不需要值得，但生活需要

"不丧失自己生活的主动权，不以外界的标准来衡量自己的价值。"

你不是废物，你只是还没有激活天赋　002

年轻人到底要不要买房　011

留学救不了内卷　018

享受无聊，给生活留一些空白　023

用利益思维选择学校和专业　033

第二章
不要温和地走进那个职业

"让你利益最大化的职场生存策略。"

职场薪资倒挂的背后，是利益最大化　046

搞钱没问题，但只盯着钱就比较蠢　055

为何有的职业后期不给力　063

为什么现在的年轻人不愿意讨好领导　072

录音笔精神是职场最后的尊严　077

第三章
只要不犯错，躺着都能赢

"保证自己不犯错、不踩坑，你就赢过了 90% 的人。"

投资理财防坑指南　086

为什么我从来不教人赚钱　096

基金不是财富密码　102

财富自由的诅咒　112

暴富就是大风刮来的　118

配资一时爽，全家火葬场　126

民宿投资利弊　134

第四章
用商业思维破解爱情迷局

"幸福是目的，策略是手段。"

4

为何大学恋爱难以长久　148

关于婚姻的风险评估　156

彩礼问题的核心矛盾与现实　168

分手也是一个技术活儿　178

做全职太太有可能自毁人生　190

第五章
聪明人都能避开的思维陷阱

"世上本没有送命题，懂了就是送分题。"

奶茶店加盟中的猫腻　202

嗷嗷待宰的大学生，以及他们的六个钱包　215

App 隐私泄露下的数据暗网　227

当网红比读书简单？笑死我了　238

关于赚钱的秘密与真相　244

不要迷信金融行业　254

如何科学理解智商税　263

健身房为何频频跑路　272

> 不丧失自己生活的主动权，不以外界的标准来衡量自己的价值。

第一章

人间不需要值得，
　　但生活需要

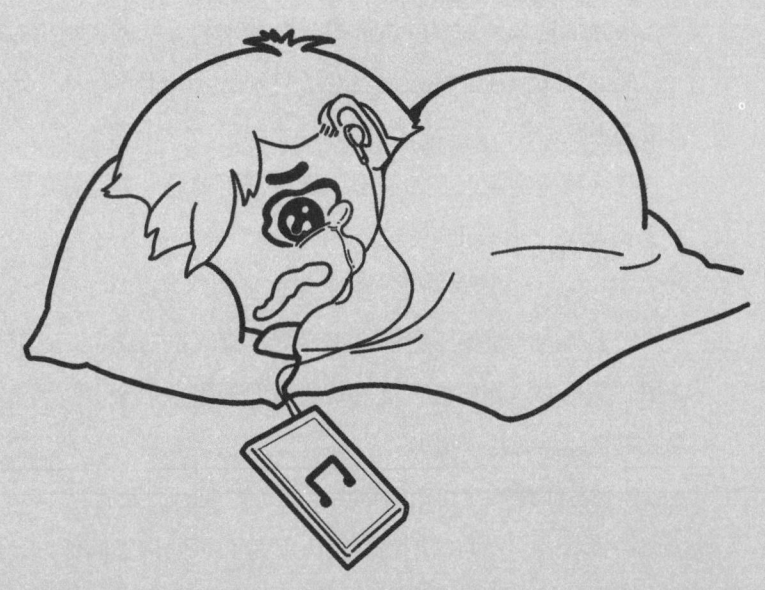

你不是废物，
你只是还没有激活天赋

我经常在后台看到一些朋友的留言，说自己长这么大了，心里啥都想要，但好像干啥都不行，也没有什么突出的地方，像个废物一样，看着别人挥洒天赋，好羡慕啊。

先说一个新闻。前段时间，某地一所私立初中里的一个学生，在中考的时候考了 757 分，其中 8 门满分，接受采访的时候她说自己从来没有上过辅导班，身边的人也能做证。

我相信这是天赋。虽然学习是有技术和方法的，但中考能考到 8 门满分，概念又不一样。满分代表卷子只到这里，但本事不一定就到这里，这确实是天赋。

对这种特别有天赋的孩子，确实不用辅导，毕竟普通的辅导班老师和人家比起来，谁教谁可能都是个问题，弄不好老师发现"小丑竟是我自己"。弄不好，有的老师会直接借用孩子的学习思路呢！

好老师固然重要，但同样重要的是有天赋的学生，这其实也是很多顶级中学的核心运作思路，也就是所谓的掐尖，把全市乃至全省特牛的学生都收过来，然后打造招牌。

当然这不是本次讨论的重点，本次讨论的是天赋。

在我看来，不同的生物，天生就是有不同擅长的地方，这个和生物特性有关。就好像边牧可以成为牧羊犬，经过训练的边牧能用一个眼神就让羊群移动或者旋转起来。你让泰迪来，它行吗？

如果用能不能牧羊来评价一只泰迪，那它终生都会是一个废物，但泰迪本来就不是要去牧羊的呀。

人也一样，天赋在很大程度上就是由基因决定的。

早在你出生之前，在胚胎成形之前，在孕育你的那颗精子和卵子结合的那一瞬间，在那无穷多个基因重组而成的编码里，就已经写下了你有多少种可能的天赋。

这些天赋就像智齿，终其一生都不一定会长出来，即使长出来了也有可能埋伏在牙龈里，不光看不见，派不上用场，还有可能带给你折磨。

那些神奇的双螺旋结构里的碱基对会在适当的时候、适当的环境下，告诉你的身体，该长智齿了，该展现真正的天赋了。

"适当的时间、适当的环境"，决定你的天赋能不能被激发出来，激发出来以后又能否派上用场。

但有没有这样的基因，决定你有没有相应的天赋。这是前提，是一切的基础，这一点非常非常重要。

你以为我这是在支持宿命论吗？其实刚好相反，我觉得基因和天赋的强相关在某种程度上是反宿命论的。

我讲一个我自己的经历。很多朋友都知道我是一个学渣，但大家看我写文章、做视频堪称卷王的表现，其实我真不是一个不努力的人。我读书的时候也是很努力的，但后来我躺平了，不是我放弃了，而是因为我遇到了一群真正有学习天赋的人。

注意，我说的是真正有学习天赋的人，不是靠方法、技巧外加题海训练的那种，而是那种根本不努力，随意学学成绩永远牛×的那种。

我们高三是寄宿制，我能确定他们真的没有在夜里偷偷学习，顶多就是年轻热血和舍友玩一些刺激的互动游戏，有时候还会自己和自己玩儿。

那时候我还是相信鸡汤的，觉得一定是我不够努力，花的时间不够多，学习效率低，我还想尝试一下逆袭，我甚至在网吧打游戏间隙还要学习一下，可以说是非常卷了。

然后我就发现，我是一个废物。我没谦虚，我真的这样认为，甚至生理反应也是这么告诉我的。

因为一旦超过某个限度，我学起来就会非常痛苦，真的是生理上的那种无法接受，就算用意志力强压下去，效率也会变得非常低。

那些有天赋的同学呢，他们根本不用逼自己，因为挑战难题对他们来说，本身就是一种娱乐。

我这种普通人需要学很久的东西，他们真的是看一遍就懂了。我还在读题干，他们已经有思路了。

别人都一筹莫展的题目，他们随随便便就做出来了，这种成就感带来的是巨大的享受。

反复获得超越别人的收获，反复强化这种认知，自然就会产生自信和兴趣，然后变得更强。

我不是没有努力过或拼命过，但正因为直面了天才，所以我才更明白在绝对的天赋面前玩命是没有意义的，我就是不擅长一些东西。

我眼中的世界和他们眼中的世界根本就不一样，我以为前面那个是大魔王，鼓起勇气冲上去了。但在他们眼中，我只是对着风车刺了一枪，做的是无用功，甚至可能是风车对我做功。

我放弃和那些天才比较以后，陷入过一段时间的自我否定。

我觉得是不是我命中注定就是废物啊，我的极限就到这儿了，但我连他们的极限在哪里都想象不到。

再过了一段时间，我偶然看了东野圭吾的一个短篇集，叫《超杀人事件》，里面有一篇叫《超理科杀人事件》，非常有趣的故事，里面设定了一个"理科人"的概念。

在这个设定里，这个世界上只有很少一部分理科人天生适合做科学研究，人类科学的进步就是由这群人的灵光一闪推动的，他们就是有天赋。

普通人在理科领域可能脑子一辈子都不闪,但理科人的大脑比霓虹灯招牌还刺激。

但很多时候,学习上的努力是会让人产生自己有天赋的错觉,于是很多擅长"写"论文但以为自己有理科天赋的人走上了科研岗位,他们在小说中被称为"伪理科人"。他们很努力,但他们的操作白白消耗科研资源,他们的存在不但对科学进步没有帮助,反而是在扯人类文明的大裤衩子。所以,理科人决定杀掉伪理科人。

这篇小说当然是幻想,并且其理论也是立不住的,因为科学的价值不仅仅是证实,还有证伪。那些用一辈子去验证一条路走不通的科研工作者同样值得尊敬,况且很多岔路是因为历史的局限性,总得有人走,前人证明了是死胡同,后人才能不浪费时间。

但是对当时的我来说,这篇脑洞小说的观点成了我的心灵大补丸、灵魂十全散。

在看了《超杀人事件》以后,我在很短时间里就接受了自己,承认自己在学习领域不行。这个设定反而证明了我不是废物,更不是我主观上不努力、不认真,只是我的基因决定了我不适合干这个。

什么叫有天赋?不是说一定能做到行业顶尖,一定得拿到诺贝尔奖或菲尔兹奖,这些不仅仅是天赋的问题,还要看历史的进程以及站队撕×。

所谓的有天赋,我觉得就是别人做这件事情很难、很痛苦,你做这件事情很快乐。

注意,我说的不是简单,而是轻松快乐,是自然而然的、不抗拒的。

很快乐,所以你会愿意一直做。

然后我意识到了我的快乐点是什么,是看书和码字。

我从小就看各种乱七八糟的书,也愿意码字,别人憋半天凑不出八百字,我随随便便就能写几千字,尽管那时候没人看也卖不出钱,但我很快乐。

这是因为坚持和努力吗？不是，就是愿意写。

一开始我觉得这是犯了唯心和宿命论的错误，后来我查过很多基因方面的科研文献，大量的实证研究表明，人和人之间就是有先天性差异的。

当然，这些差异不是由某个具体的基因决定，而是由一系列基因组调控。

或许并不存在某个所谓的"数学基因""音乐基因"，但是在那一长串的基因组编码里，却藏着一个人未来生命中所能触碰到的数理逻辑和乐感的极限。

把一切推给命运，这是宿命论。但认识世界，解释世界，最后尝试着去改变世界，这明明就是一种科学。

科学证明了你不可能在所有事情上都有天赋，所以如果某件事情你就是做不好，那不一定是你的错，也不是你这个人不够好，只是基因在作祟。

与此同时，科学还证明了你不可能在所有事情上都没有天赋，因为这个世界上的事情足够多，而一个人的基因又足够丰富，所以绝对意义上一无是处的人也是不存在的。

一个学校考试中的弱者可能是一个码字狂魔，一个屡战屡败的基金经理可能是无所不能的管道工，虽然他管理的基金从来没有赚过，但他家的下水道从来没有堵过。他是活着的超级马里奥，地球上没有他修不好的管道，没有他通不了的下水道，人称"金融奥利给"。

看到这里，你是不是热血沸腾？

但我要给你浇一盆凉水，因为我又发现了另外的残酷现实。

天赋这个东西很有趣，它不是必然显现的，显现了也不是必然用得上。

一个一辈子都生活在山区的农村孩子，他的基因里可能就潜藏着世界顶级的马术天赋。

但他没有机会去草原，没有机会去马场，没有机会接受马术教育，他甚至不知道还有马术这种运动。因此他的马术天赋就不会觉醒。就像一只从出生就没有见过羊的边牧，眼神里不会有让千百只羊转圈圈的魔力。

或许他成了一个乡村老师，在土坯房里度过一生，基因里的那段编码在孩子们的读书声以及黑板和粉笔的摩擦间沉寂。

直到很多很多年后，他已经老了，村里的教学点和镇上的中心小学合并了，但即使是镇上的小学，也已经很多年没招到足额的学生了。

有一年，他教过的一个孩子发达了，开着路虎回到家乡，邀请他去自己的庄园和马场。在马场上，一匹性格暴戾的品种马忽然发狂，把久经训练的驯马师甩了下来。在千钧一发之际，他的DNA忽然动了，写在基因里的某段编码被激活。他矫健地奔向失控的烈马，翻身上马，拽住了笼头。马被驯服了，温驯地停了下来。所有人目瞪口呆，而他热泪盈眶。

那时候他是什么心情？是激动吗？是开心吗？

不，是绝望。

因为他知道自己的天赋被激发得太晚了，他已经老了，行将就木，在过去几十年的马术舞台上，没有人知道世界错过了一个天才。

天赋没有出现在对的时间、对的地点、对的场合，那就等于零，甚至有可能是负数。

很多人在年少的时候其实都是天才，有人对色彩格外敏感，有人能记住第一次听到的旋律，有人喜欢一切低买高卖赚取利润的交易。

但我们总是下意识地把天赋放一放、等一等，想在一切稳定下来以后再尝试自己的天赋。但那个时候我们可能会发现，曾经的天赋已经消磨殆尽。

也许我们依然超过普通人，依然可以将天赋作为一种爱好，却不再有能让人一眼惊艳的灵气，那种灵气已经随着年纪一去不返，就像一滴泪消融在雨中。

其实天赋不会消融，它只是错过了那个"适当的时间和适当的环境"。

对一个饱受生活摧残的中年人，或是对一个垂垂老矣的老人来说，他们身上的天赋还在，一如他们天生而定的基因序列。

这段序列会伴随他们的一生，除掉基因突变的影响，终其一生都将井然有序。

但如果你到了中年甚至是老年才发现身上的天赋，很多时候其实就已经迟了。

中年人困于琐事，没有充分的精力去把天赋转化为实践。

老年人困于寿限，没有足够的时间去触摸天赋的极限。

天赋只是种子，而种子是有保质期的，也是有生根发芽的必需条件的。

当一株植物还是种子的时候，我们会根据种子的种类去判断它在理想条件下可以长成什么样。

但最后还是要看它生长的土壤，在生长过程中获得的阳光和水，才能决定这一切能否成真。

人生的荒谬之处就在于，也许你是一株喜水植物的种子，上天却把你撒在了一片戈壁或沙漠里。

无论降落在地球的哪个角落，卡尔-艾尔都是能吸收太阳能量的氪星人，但只有作为克拉克·肯特的他，才是超人。

但不一样，就是不一样。

一如那年巴菲特来中国旅行，在河边上看到一群赤膊短褐的纤夫，感慨地说那群人里也许就有下一个比尔·盖茨，但今天他们都在这里拉船。

比尔·盖茨当然是有天赋的，但有计算机天赋的人绝不只是一个比尔·盖茨。

如果他不是出生在1955年的西雅图，而是出生在同一时间的非洲莫桑比克，那他大概率会把时间都用在和葡萄牙殖民政府打游击上，而不是创办微软。

马尔科姆·格拉德威尔在《异类》里写过比尔·盖茨的成功需要哪些

条件。仅仅在 1968 年，他就有九件其他人难以遇到的幸运：

第一，1965 年计算机领域刚提出分时理论，1968 年比尔·盖茨就能在中学里使用带分时系统的计算机终端编程，那个时候全美国都没有几所中学有这么豪华的设备。

第二，这套计算机的运行非常烧钱，而比尔·盖茨读的那所中学的学生家长们愿意捐钱维持学校计算机的运行。

第三，第四，第五……乃至第九，大量罕见的条件在同一年发生在具有天赋的中学生比尔·盖茨身上，才有了后来的微软创始人比尔·盖茨。

而所有的偶然因素，又都可以归结于一个确定的因素：因为他曾祖父当过美国国家银行的行长，他爸爸是知名律师，他老妈和 IBM 的董事长是闺密。

更重要的是，那还是一个计算机的启蒙时代，没有大公司占据生态位。开一家小公司，并且活下去，那就是未来的大公司。

我不喜欢巴菲特流露出来的隐约对于拉船纤夫和比尔·盖茨的高下之见，但有一点他说的并没有错——

不确定的天赋，终将被确定的时间和地点，固定成确定的人生。

即使我们的基因里有过这样那样的可能性，但可能性在实现之前其实毫无意义。

或许只是简单的一天过去，我们就不再有实现自己天赋的时代和机会。

而那时候我们并不知情，还以为那样的机会将一直存在，一直等待我们回心转意。

而更残酷的一种可能是，我们发现了自己的天赋，实践天赋的条件也并不苛刻——但在当前这个版本里，我们的天赋暂时派不上什么用场，最大的价值只是丰富人类基因库的多样性。

毕竟每个版本都有自己强势的英雄和打法，一个记忆力超群的人在古代可以成为皇帝的顾问大臣,但在现代,他的记忆力绝对敌不过手机备忘录。

实际上,在大多数情况下,一个一流的管道工也并没有一个三流的投资人或者码农赚得多。

就连我,虽然很早就意识到自己喜欢写作,但不也是打工这么多年才在自媒体到来的时代靠写作赚到了钱吗?

天赋和赚钱从来不是一个概念。

但那个属于你的天赋,依然是你的保护伞、你的守护神、你信心的基石和命运的灯塔。

就好像《哆啦A梦》里,大雄每次考了零分,所有人都觉得他啥也不是的时候,他依然知道,至少他能翻出最好的花绳。

翻花绳不能帮助野比大雄考高分,不能帮助他赚大钱,不能帮助他在学校里获得异性青睐,但可以让他笃定自己有存在的价值和意义,绝非一无是处,绝非毫无天赋。

后来我们都知道,大雄成了宇宙第一神枪手,恐龙的拯救者,云端国度的国王,机器人军团、植物星球和玩偶星球永远的朋友,平行世界的创世者和救世主。

但这所有的一切,都是从他的翻花绳天赋觉醒开始的。

那一刻基因觉醒,命运齿轮转动,手里的红绳轻巧地打了一个结。

所以不要放弃,朋友。

你不是废物,你只是还没有激活天赋。

不要沮丧,你永远有你的世界宝藏。

年轻人到底
要不要买房

1

最近房价不太安分。

很多家里稍微有点积蓄但还没买房的年轻人,又开始在纠结一个问题了,那就是要不要买房。不买吧,总觉得飘飘落落的,没法安定,而且担心后面买不起。

买吧,又觉得似乎掏空了家里的积蓄,父母一辈子不容易。还得每个月还房贷,压力不小。关键是房价的波动十分诡异,非常担心自己被干在了半山腰,成为被割的"韭菜"。

在我看来,这个问题其实并不复杂,只是一个目的和成本的问题,一个人在面对任何事情的时候,只需要牢牢抓住自己的目的,然后评估综合成本和收益就可以了,不要在无关紧要的细枝末节上纠结。

至于专家怎么说,媒体怎么吹,根本不重要,一件事情谁承担后果,谁说了算。

你只需要看你自己的需求和成本。

所以我打算直接终结这个问题。

我给出的答案其实很简单:如果这是你的第一套房,且买得起,买就可以了。

如果你担心贵,那就摇号,摇到限价房就上车,摇不到就一直摇。

你别当这是房子，你就当自己在夜店。

注意，这里的限定语是第一套房，如果是在纠结第二套、第三套的人（非卖一买一），这已经属于投资属性乃至投机属性，而我从不做投资建议。

年轻人面对自己的第一套房，只需要考虑买不买得起，而不是买不买。

2

为什么只需要考虑买不买得起，不需要考虑房价涨跌？

因为第一套房是不具备金融投机属性的，你对于这套房子的需求是学区，是户口，是对这个城市的归属感，是自己能够在这座城市落下脚、安下心，为了美好的未来去奋斗。

买不起那是没办法，别浪费精力在考虑房价上，抓紧想法子挣钱去。

只要买得起，买就对了。

尤其不要考虑房价涨跌，这年头预测房价涨跌本身就是一件很愚蠢的事情。

况且房价涨跌和你没有一毛钱关系。

房价涨了，你也没法把这套房子卖了睡大街去啊。

房价跌了，你也依旧在享受这套房子带来的户口、学区、归属感啊。

不管房价涨跌，你的核心需求其实是户口，是学区，是城市归属感，是让自己过上更好的生活！

是让自己扎下根，不回去！

而不是这些账面上无法流动变现的浮盈浮亏，这些都是数字！

第一套房的房价涨跌和你真正的生活体验没有必然关系！撑死了就是心里爽不爽而已。

房价真的涨了，肯定是全市的房子都涨，你卖了这套也未必买得起涨价后的更大改善房。

房价真的跌了,你反而还有机会买第二套给家乡的爹娘备着。

所以理会房价涨跌干吗?

抛开第一套房和房价涨跌无关,第一套房还有一个好处是,固化一部分资产,弱化一部分负债。

3

怎么理解固化资产?

我给你算一笔账,很简单,不需要金融知识。

钱,现在每一天都越来越不值钱,别管这个世界变得好还是不好,放水都是不停的,这个我没说错吧。

你看现在100万元的购买力,和30年前100万元的购买力来比,差了多少倍?

如果你30年前(仅做举例)向银行贷了100万元,分30年期。

当时你可能能买一小栋楼,现在你可能只要卖这栋楼里的随意一小间房就能还掉全部100万元的贷款。

更何况,随着你收入的增长和货币的贬值,可能10年不到你就有能力提前还清贷款了,最差的情况也是月供的压力对你而言不至于伤筋动骨。

100万元放在30年前是天文数字,放在现在也就不大不小。

几十年前几百块的月收入,上千块一平方米的房子,换算到今天,购买力比例是差不太多的。

别忘了,你欠银行的钱,也是在时间的流逝中越来越不值钱的。

而房价,不论什么时候,都是随着工资水平、物价水平涨的。

你把钱换成了房子,就是把自己的资产放到了最起码跟得上通胀的产品上。

然后把货币贬值的风险丢给了银行，很多十年前买房的人，在当时看似压力巨大的借贷，放到今天都是轻轻松松。

况且房贷利率太低太低了，房贷是一个无权无势的普通人一辈子成本最低的杠杆，没有之一。

不信你问问那些中小老板，看着房贷的利率是不是口水都要飞起来了？

更别提这个产品你还可以实实在在从中享受到户口、学区，最起码还能住进去。

贷款买房，等于是银行替你承担了货币贬值（你的负债也在贬值），你自己享受了货币升值。

有人提到父母帮忙买房的辛苦，我很认同父母的辛苦。

但是你不买房，这个辛苦难道就会改善？

只会在未来更加辛苦！

甚至更加心苦！

年轻人的第一套房，不是消费，而是资产固化，要搞清楚区别。

担心生病？那就给父母买重疾险（越早买越好）。

担心父母老了没钱花？大哥，当个人吧，父母含辛茹苦供你上学，为你弯腰，最后为了你买房一辈子积蓄都给你了，你还想着他们最后自生自灭？

有点担当好吗？他们的后半生，不由你分说。

有些人嘴上说心疼父母，本质上还是自己不敢站出来担责任，尿就尿，别整那些有的没的。

现在不努力挤一下，下一代还会经历你从小地方拼死考出来，然后面对大城市房价一片茫然的状况。

这是死循环。

我相信未来或许会改革，一定会改善。

但是这个未来是什么时候？假如是十五年后呢？

你的美好岁月早过去了！那时候再改善，与你何干？

我再强调一下，买房不是消费，是资产固化。

当然，也要再次强调，第一套房才可以无视风险买，因为你的核心诉求不依赖房屋涨价跌价，所以最大的风险于你而言可以被覆盖。

4

还有人在考虑未来万一不好呢？房价跌了呢？

这其实也很魔幻。

如果你现在买房了，那么你是在赌未来变好。

未来即使没有那么好，你的户籍、学区、归属感也是不会丢的。

在某种意义上你不会输，或者输得有限。

如果你买得起却不买，你就只能赌未来变坏，房价完犊子。

未来如果没有变坏，你输了。

未来如果是二十年之后才变坏，你手上紧紧攥着的钱更不值钱了，你在无尽的犹豫和怀疑中已经失去了最美好的光阴，输得更惨。

未来如果真的变坏，工作、收入都锐减，你觉得你会比有房的人幸运到哪里去？

在某种意义上，你怎样都不会赢。

所有劝年轻人不要急着买自己第一套房的人，要么蠢，要么站着说话不腰疼。

年轻人需要自由，需要无拘无束，没问题，但同样需要为未来的不确定性做一个风险兜底，第一套房，就是一个兜底。

只要房子在这里，年轻人再怎么浪，也有个后路。

后路都没准备好，那不叫浪，那叫作死。

还有什么"年轻人不要被局限在一个城市"的愚蠢言论，我都看笑了。

你从杭州跑到北京工作，妨碍你有一套杭州的房子吗？

你从成都跑去深圳工作，妨碍你有一套成都的房子吗？

你在一线城市工作，妨碍你在二线、三线城市有一套房子吗？

哪天你真的想要在新城市落脚，旧房子是不能卖还是怎么的？

只有你买了，你才有底气从容安排之后的事情，因为你输的概率太小了。

5

第三次强调，以上论点仅仅针对要买第一套房落脚自住的刚需群体。

第一套刚需房，买，就对了！

前提是第一套。哎哟，我都强调烦了。

所有痛苦和压力都是一时的，熬过前几年，就是好日子。

因为对于你们而言，房子是用来住的，不是用来炒的。

但是，如果想投资购房，那就是另一套逻辑。从需求到目标，其和刚需群体都不一样。

必须综合考虑个体风险承受能力、资金成本、资金流控制、目标城市市场特色以及未来潜在政策风险来定制方案并不断调整策略。

并没有普适真理，没有"一招鲜"，无脑加杠杆去买可能真会把自己玩死。所以，我不建议大家去炒房，炒房的风险是不可控的。

况且炒房群体这么优越的经济基础，也用不着别人瞎担心。

我就不献丑了。

或许会有更高净值的群体，有更多的方法让资产增长变得更有效率，一定有，但这些东西对年轻人都没有意义。

面对第一套房都没有的年轻人，最需要的是先稳下来，再发展，再考虑之后的事情。

事情总得一步步来。

只能说人在不同时期有不同时期的重点，而不同群体有不同群体的痛点。

当然，你觉得政策有不确定性，还是想等等也没关系。

这其实就是不同人的风险偏好了，我自己是不会考虑波动，只会考虑第一套先上再说。

是"先谋一时，再谋一世"，还是"等到风景都看透"？

随你。

留学救不了内卷

不知道从什么时候开始,"卷"这个东西成了一种全民共识,甚至变成了一种生活常态,创业卷,职场卷,父母卷,学生卷,甚至连幼儿园都卷。

从幼儿园开始,就为上最好的小学做准备;上了小学,为上最好的初中做准备;上初中,为上最好的高中做准备;上高中,为上最好的大学做准备;上了大学,为找到最好的工作做准备;到了职场,比谁更能加班,更能不上厕所。这都卷到大肠去了。

赢在起跑线上居然还有这种解释。

喝鸡汤,打鸡血,从小卷到大,一个鸡娃闭环由此形成,焦虑感爆表。导致的现象就是,孩子生理苦,家长心理苦。

谁都不想卷,但又不敢不卷。于是很多家长开始想办法让孩子逃离这个卷的环境,用留学镀金,让孩子弯道超车,在国外享受快乐教育,回国还能依靠学历增加竞争力,由此逃避鸡娃卷狼之路。于是从二十年前开始,留学就是一个热度不减的话题。

用留学逃避卷,本质是希望孩子通过留学拥有更强的核心竞争力,在学习成长的过程中,能够不用那么卷,而学成长大之后,进入职场,面对其他卷出来的同龄人,依然有不输给他们,甚至比他们更强的核心竞争力。

但很可惜,留学,或者说现在的留学做不到这一点。留学救不了卷。

首先留学本身就是一种卷。

先从家长开始卷起。相比正常的国内教育，留学的费用是高出很多的，特别是对于许多经济条件一般的家庭来说，留学的费用可以说是天价，甚至有家庭需要通过卖房这种极限方式来供孩子出国留学。

对于这些家庭而言，留学不过是把卷的学习压力转变成经济压力，再把这种经济压力从子女身上转移到父母身上，而许多父母因为这种经济压力也不得不更卷。当你不卷的时候，常常是因为有人在替你卷。

而更惨的是，很多年轻人家里卖了房，出国留学回来工作好几年发现靠自己工作买房遥遥无期，还不如留着房子正常上学工作。再一看当初的房价，心态就不稳了，国外学历看着也不光鲜了。

其次，随着国内经济的发展，经济变好，有条件留学的人数开始暴涨。

人一多，就自然卷。

前段时间因为"袋鼠国"和"漂亮国"的一系列操作，其留学申请锐减，换来的另一个结果是英国的留学申请暴涨。所以说，同行不一定都是冤家，也可能是恩人。

然后大家就尴尬了——我来到这传说中的应许之地，就是来享受快乐教育的，结果发现过来这边的老乡也卷，那我能怎么办？我只能跟着卷了。

而且这卷的难度还完全不一样，国内卷，你背书做题就行了；国外卷，不仅要你自主学习，还要你独立思考，更要你做出新意。不只卷得有难度，还要卷得有创意。

再说了，都是卷，留学就一定比在国内卷好吗？

许多学生在不适应外国环境的情况下，你让他们选，他们情愿在国内卷都不愿意在国外过什么快乐生活。

我以前有个朋友，高中的时候就被家里送去加拿大留学，从国内这种遍地是人、出门就能玩儿的地方，再到加拿大那种地广人稀、熊都比人多的地方，一对比，国内就是天堂。放假回国一趟，死乞白赖不肯走，抱着他爹大腿说资本主义根本不行，小龙虾和烧烤摊才是永恒的正义。

与此同时，出国留学自身能够提供的竞争力正在不断地被弱化。竞争力的弱化来源于两个方面，一方面在于外国学历的含金量在下降，另一方面在于留学生跟国内竞争者相比竞争力的不足。

外国学历含金量的下降是跟以往的对比。在信息不发达的以前，出于慕强心理，国内市场对外国学历充斥着盲目的迷信，同时由于难以分辨学校、专业的好坏，外国学历对国内大部分普通学历都有着强大的竞争优势。但现在，随着留学生的增多，留学生开始不再吃香，同时随着信息的发达，信息差开始被消除。

这年头，企业也很现实，企业的HR（人力资源）也很真实。你到底是考出去的，还是去镀金的，稍微百度下都能弄清楚，谁不知道英国热门是因为其硕士只要读一年半？信息技术的发达让信息变得透明，现在很难再拿着一个国外学历去诓人。

在目前的国内市场上，大学教的东西不一定和市场挂钩，留学生学的东西往往更加脱节，脱节到国外去了。国内现在要的员工，大部分要能加班，要能造，要熟悉国内环境，要进了公司门就能上手开始卷，要的是性价比。

这时候，留学生和国内学生、员工相比，他们缺乏性价比。

留学生最差的就是性价比。他们留学多年学会了喝酒聊天泡夜店，还有说话的时候加一两个英文单词的习惯。这些当然不是坏事儿，但是企业招人看性价比的时候，这些和国内卷狼比起来都是弱势。

甚至像法学、会计这种专业，国内外法系、金融结算体系都不一样，回来从头练习，开局一证书，装备全靠打。

这样的人如果招进来必然需要花费大量的时间让他适应市场环境，让他学习、成长。可问题是我是招你来工作的，不是招你来学习的，别跟我扯什么"我很愿意学习"，我又不是开补习班的，你又不交学费。

作为一个上司，我必然不可能会招一个比我还不能卷，同时还要一直教他做事的下属。我虽然不喜欢被人教做事，但我也不喜欢天天教人做事。

留学生真的那么差吗？准确地说，留学生并不差。留学生里卷王也很多，但这些人牛不是因为留学牛，人家不留学，也是一样牛。

是人强，不是留学强。留学跟个人因素相比，还是个人因素占比更大一些。

通过出国留学逃避卷的方式有且只有一种，那就是留学后赖在原地不走，直接卷进国外大厂，或者进入外企中国分部，避开国内的就业竞争。

但这条路，也是卷之路呀。现在国外大厂也开始卷了，面对市场竞争，面对国内互联网的步步紧逼，外国企业已经开始卷了起来，不卷打不过别人，一旦卷起来就回不去了。

你看，绕了一圈，不还是卷回来了吗？

用留学来逃避内卷，说到底只是一种短暂的逃避，这种行为没有触碰到卷的本质。无法触碰本质，那必然无法带来根本性的改变。

卷的本质是什么？是资源有限，是分配机制有限，但每个人的欲望无限。

有欲望必然会增加对欲望的索取，而资源总量有限，无法满足每个人，因此恶性竞争就开始出现，内耗由此形成。

很多人光说国内卷，准确地说，国外也一样卷。你想在国外当个医生，当个律师，进个华尔街，做点学术，你看看卷不卷。

只要有人类存在的地方，卷就是不可逆的。除非你像哆啦A梦那样，制造出一个资源无限、随时分配的异世界，否则卷就是无法逃避的。

你在国内，在国外，都是一样的。甚至如果在国外留不下，得回来，可能会更痛苦。当然，留在国外也不能百分百解决问题。就像现在，波兰的程序员们还在控诉着公司加班没有人权。他们一边做着控诉赛博朋克的游戏，一边享受着赛博朋克的加班。

初见不知画中意，再见已是画中人。真正解决卷的问题，可能只能是放弃欲望了。

或许，这就是人生吧。

享受无聊，
给生活留一些空白

1

最近我玩游戏、刷视频的时候，获得的快感越来越短暂了，甚至感到了厌倦。

这不太正常，因为这些内容是无数最聪明的脑袋耗尽了头发所发明出来的。

它们存在的唯一价值，就是让我摆脱无聊。

过去我一直非常享受这种刺激和有趣，甚至于沉迷。

但有一天我忽然发现，有趣的东西太多，吸引我点开的内容也太多了。即使我天天看，一天 24 小时去看，也必然要错过很多很多信息。

这让我时刻感到焦虑。快乐到让人感到焦虑，这真的很奇怪。

而更大的问题是，在这个有趣的世界里，我发现我竟然不能再选择无趣了。

我被有趣的生活给捉住了。

有趣的事物和新闻围绕着我，我失去了无聊的机会，只能不停地不停地不停地去摄入这些信息，就算吃饱了、吃撑了，也选不中页面上的那个"×"。

2

事情的起源并不复杂，在流量越来越贵的年代，每一家公司都期望把用户牢牢抓在自己手中。

毕竟你手机里有那么多的 App，翻到一次它们的牌子不容易，肯定要努力给你整最好的活儿。

于是用户会逐渐产生一种感觉。

我不是玩 App，我是在被 App 玩。

而对于公司而言，也是一样的道理，为了能留住用户，必须竭尽全力。

每次页面出现 bug（漏洞），程序员都要"祭天"，就是因为哪怕只是让用户少上一秒钟，都是大把大把流量的损失。

也就是大把的钱的损失。

相信我，没有人喜欢丢钱的感觉。

这就造成了一个恶性循环，平台鼓励内容创作者生产更抓人、更劲爆、更标题党的内容，这些内容在让用户变得更累、更疲惫的同时，也在大幅提高用户的阈值。

他们天天琢磨怎么才能让你感动，怎么才能让你愤怒，怎么才能让你哈哈哈哈哈哈哈哈。你发现了吗，就连"哈"这个字，都开始卷了。

打两个"哈"好像是骂人一样，起码得五个八个才像是快乐。

互联网公司的关键是，它们做得很成功，很多东西真的很有趣。

有趣到有一段时间我甚至无意识地在桌子上乱滑，等我发现自己的手在乱动的时候我特别害怕，我都觉得我可能是被外星人附体了。

当然，控制我的并不是外星人，而是我正在对生活失去掌控。

3

这段时间我特别沉迷于一件非常魔幻的事情——看人写作业。

对，就是一般意义上的看学生直播写作业。

这是一个特别无聊的事情，但是我在看这些无聊的东西的时候，我找回了那种轻松自然的感觉，特别能平静下来，因为真的无聊。

因为无聊，所以我不用担心错过什么精彩瞬间，反正就算我现在去跑一个马拉松回来他也还是在写作业。

我可以随便分心，随便干一些我平时没时间干的事情，我甚至开始泡茶养养生了。

看一部全程无尿点的电影固然很爽，但一部全是尿点的电影，其实才是最轻松的，因为你可以掌控它。

B站上有很多UP主在直播自习，内容很简单。一个UP主，叫苏静恒，是个正在准备考研的学生，她直播间的主要内容，就是上自习、写作业、刷题。

就这么无聊的一个直播内容，但是有二十多万人关注了她，每天等她上直播，围观她自习。几十万人在围观。

甚至在互联网的另一头，那些观众看着看着，因为实在太无聊了，他们甚至会开始写作业或者工作。

没有过多的娱乐元素，没有强烈的刺激，没有处心积虑地调动你的情绪的设计，一切都是生活的、自然的，也是无聊的。

但是就是在这个无聊的直播间里，有那么多人一起在看一个普通女孩安静地做题，并且陪她一起做题。

没有音乐，没有闲聊，只有笔尖触碰纸面发出的沙沙声。

UP主在写作业，可能观众也在写作业，大家都很无聊，但摆脱了有趣的束缚。

因为我们忽然意识到无聊背后，藏着一种真正的价值。

生活的本质，其实是返璞归真。

享受无聊，才是人生的高潮所在。

4

承认生活的无聊，并且真实地展现它，这是有价值的。

就像看人自习。在这个娱乐资源爆炸多的年代，任何人都可以肆意地娱乐自己，可以用很多种方式去寻求刺激，但是当你只是想无聊一下的时候，或许你能去的地方并不多。

在 B 站，无聊可以生存，可以有这样一个 UP 主，只做自习这一件事，即使这件事情本身非常地无聊。

在这个直播间里，画面的变化可能只有她翻动书页，甚至有时遇到一道难题，她要思考很久，这个时候画面就仿佛是卡顿了一般陷入静止。

就跟我小的时候看别人打街机一样，其实我最想看的是他升级通关换地图。

但是有的时候这个直播间的时间就卡在了那里，她可能就一直在做那道题。

比无聊还要更无聊的就是遇到难题的时候。

我会一直在那里等画面发生变化，甚至我还会去研究这道题，帮她解题。

在这个直播的几个小时里，我可能什么都没有收获，就只看到她不停地在写东西，还浪费了时间。

但我很知足。

这个时候我的心情其实是很平静的，尤其是在我知道还有很多人和我一样在这个直播间里浪费时间的时候,我就变得特别心安理得。

这件事情其实真的很奇怪,浪费时间这么无聊的事情,原来也可以这么爽。

想什么时候终止就什么时候终止,想什么时候开始就什么时候开始。

无聊的本质,就是你对自己时间和生活的掌控,而我们最缺的,恰恰是这种掌控。

当你无法随时进入一种无聊的状态的时候,其实你的生活就是在走向失控。

你曾经以为你是自由的,但是这个时候你会发现,其实你是不自由的。

真正的自由是什么?

是你可以随意无聊,也可以随意刺激,没有人逼你,除了你自己,没有人能掌控你的时间。

自由是拒绝的权利。

5

无聊的东西,在这个信息过载的年代,其实是特别吸引人的。

因为有趣是精心设计的,而无聊的东西却是对生活如实的反映。

我们看那个女孩 UP 自习的时候,我们其实也在感受真实的人生。

当我在 B 站看那些生活区视频的时候,我究竟在看什么?

我觉得自己在参与他们的生活。

甚至更进一步,我在看他们的人生的时候,同时也在从一个旁观者的角度,观察我自己的人生。

其实生活区可能是一个非常抽象的概念,但是当它变成一个个具体的人,一个个 UP 主的时候,我们又会发现,其实无论他们 UP 什么内容,最后的本质，都是一个个普通人。

乍一看，他们各不相同，可能是在直播自习，可能是在视频里分享今天的美食，是在展现自己平时的穿搭。

但其实无论你是在为考研做准备而努力写题目，还是为今天的午饭吃什么、今天要穿什么衣服出门而纠结，这些都是普通人会面临的问题，是非常平凡也非常真实的生活经历。

这些都是生活，而且是普通人的生活。

就好比说徐大 sao，很多读者都知道，我一直都很喜欢大 sao，经常看大 sao 的视频下饭。

他的视频其实真的很朴实，没有太多在构图上的考虑，没有频繁丰富的剪辑，也很少用什么花哨的手法和转场。

可能一个视频从始至终，都是用那些最基础的东西组成的，就连吃的东西也不会是什么山珍海味，而是一些家常菜，有的时候可能就是一个香喷喷的大鸡腿。

我们为什么喜欢徐大 sao，其实也是一个很迷惑的事情，因为平心而论，和很多专业的吃播相比，大 sao 的视频是挺无聊的。

在视频里他没有很浮夸的表演，而他这人本身也没有长得很帅，甚至都没有长得很丑。

他就是一个普通人，用普通的速度和方式吃普通的食物，唯一不同的就是饭量和蒜量比较大。

这种普通其实才是最不普通的。

6

在 B 站的生活区，其实有大量这样"无聊"的 UP 主，他们忠实地记录着他们的生活。

甚至这样的生活我们每个人都有，如果你静下心来，仔细看自己的生活，你会发现把你生活中的某一段给截取出来，你就是生活区的这些 UP 主。

他们发的视频，就像是一面镜子，它照出来的就是你。

你正在过着和他们一样的生活，而不是一个你触碰不到的、无法企及的生活。

真正重要的是，在 B 站还有非常多愿意欣赏平凡生活的无聊和真实的人。

就像那个在直播间里自习的普通女孩，她不需要去做任何哗众取宠的事情，甚至不需要做任何独特的事情——

就那样每天一点点地，为了一个目标，去忍受这种重复的、枯燥的学习过程，在无聊中去改变自己、提升自己，为了她的梦想去努力，其实就已经足够了。

直播间里有很多和我一样的人，看着那个女孩用笔尖在纸上沙沙地书写，唰啦唰啦翻动卷子，去做卷子、去刷题，甚至就只是对着一本书在那儿看。但是，就是在看着这些无聊的画面，我们其实也很开心的时候，我感受到了一种属于普通人的温柔。

在这个混乱的娱乐爆炸的世界里，这样的温柔其实是特别难得的，因为世界对我们太不温柔了。

正是这样的温柔在提醒着我们，在那些我们不敢去享受无聊的时光里，在我们饱受信息焦虑煎熬的时候，其实还有这样一个地方，还有这样一个可以肆意去无聊的时间和空间。

于是你忽然觉得无聊也挺好的，因为岁月还长，日子还早，我们都可以慢慢来。

7

为什么生活会很累？因为你必须带有目的性。

无论你去做什么事情，都要问"这个有价值吗？""有用吗？""ROI（投资回报率）如何？""性价比如何？""我学到了什么？"。

有趣的东西能带来刺激感——即使是很短暂的刺激感，所以它就是有用的；无聊的东西只会又浪费了你几分钟时间，所以它是无用的。

这个逻辑就是这么简单，这么二元对立。

所以有的时候我们就变成了一头驴子，鼻子前面拴着一根胡萝卜，为了吃到那根看似近在咫尺的胡萝卜，我们就被自己的欲望牵着，不停地走下去。

有的时候我们疯狂地刷刷刷，可能这个内容都还没有看完，但是一想到其他的视频可能会更有趣，我们就手指一滑刷了出去。

也许一整天以后，我们最终什么东西都不会记住，什么信息也没有得到，却满足于这种不停被塞满的感觉。

"有用"，变成了一个诱饵，勾着我不停地往前游动，让我精疲力竭。

到后面我已经不敢停下来了，我甚至一刻都不敢让眼睛离开屏幕。

生怕自己变得"没用"。

为什么我们现在跟人交流的时候，即使是在现实生活中，跟朋友在一起的时候，我们都时刻盯着手机？

难道我们就不能把手机关掉几个小时，跟朋友随便聊聊吗？

相比起精心构造的短视频，这种闲聊的信息密度很小，可能就是闲扯几句话，也非常无聊。

这会让人感觉到一种恐慌。

我在担心自己脱轨。

担心自己变得没用。

8

但这种恐慌性的信息摄取，其实是不必要的。

我们并不需要去那么着急地摄入外界的信息，固然这些信息很有趣，但当它们开始让我们变得焦虑，变得神经衰弱的时候，它们就不再有意义。

我们是为了获得快乐，才希望有趣的，而不是为了有趣而有趣。

而另一个极端，则是当我们被一些高信息密度的内容反复刺激的时候，我们感受快感的阈值其实就被变相地提高了。

我们开始变得麻木，变得不够敏感。

曾经我们都是很敏感的，一点点微妙而有趣的笑点就足够让我们乐上半天。

但现在我们的笑点越来越高，哭点却越来越低。

我们越来越难以感到快乐，却越来越容易变得暴躁。

在网上我们都是网友，被各种搞笑图片和视频挑逗得哈哈大笑，但是只要在现实生活中遇到那么一点点破事，我们都可以一秒烦躁甚至崩溃。

以前可能你随便看到一个段子，都能乐呵半天，而现在你看到之后连呵呵都懒得回。

但是这个时候，你会怎么样？你会从网络回归生活吗？不会的，因为生活更难。

你只会努力地去找一些更出位的创作者，试图通过更刺激的内容获得快感。

直到有一天，当你实在找不到任何正常的内容能带给你快乐的时候，你感受到的只会是无尽的空虚。

甚至为了获取进一步的刺激感，有的人就会开始越界，去寻找一些不正常的内容。

变态就是这么来的。

9

所以这个时候，无聊的更高价值就出现了。

在摄入了太多的"有趣"，甚至有些"吃伤了"的时候，我们需要无聊来平衡。

就像一个人，哪怕他口味再重，也总会想吃一些清淡的东西。

就像在写作业的直播间里，虽然每天都有 20 万人在看，但这 20 万人是流动的，每天都在变的，总有人来到，又总有人离去。

也许有一天你看着看着，忽然觉得这个东西也太无聊了吧，忽然就看不下去了，那很好，你暂时被治愈了，找回了那个还能欣赏有趣、还没有那么缺乏无聊的你。

无聊不是生活的归宿，有趣也不是。

生活根本就没有归宿，只有一个个中转站。

今天我看腻了有趣的东西，跑来看别人在自习室直播上自习了，明天我可能又在土味小视频里低俗地大笑。

但是这并不重要，因为有一天我还是会回来，然后又继续离开。

这就是生活。

生活不是一成不变的，我们看内容的时候，需要的也不是有趣或者无聊。

我们需要的，其实是随时能看到另一个世界的选择权。

那时你才能意识到，你真正追寻的不是有趣或者无聊，而是在这个变化的世界中，保持本心的自己。

钱塘江上潮信来，今日方知我是我。

如是而已。

用利益思维
选择学校和专业

1

高考结束后,地狱模式才刚刚开始。

很多学生很快将面临人生中最重要的选择,那就是报考学校以及选专业。这件事情极为重要,不仅决定了你接下来几年去哪里打《王者荣耀》,还决定了你未来几年有没有心情打《王者荣耀》。

大学和专业选择的核心思路只有一个,那就是围绕就业和赚钱,一定要面向这两个目的来做,其他东西都是虚的,你得想清楚你的生活。

那些光跟你讲为了理想的,你得仔细想想,一方面是你得看看他是什么生活条件,你是什么条件。

另一方面他又不给你钱,都是站着说话不腰疼的,你要自己对自己负责,除了你自己,没人会对你负责的,你承担后果,所以只有你说了算。

当然,如果你家里特别有钱,那你可以忽略专业选择问题。有钱人想怎么样就怎么样,上大学只是体验生活,毕竟"钞能力"才是真正的魔法。

我大概总结了六条决策思路,希望能对大家有所帮助。

2

第一条，围绕家庭优势来选择专业。

如果你的家庭在特定行业有一定的资源或者话语权，能够帮到你，那在选择专业的时候完全可以考虑定向专业，把家庭资源优势最大化。

很多年轻人会觉得靠家里的优势达成目的是一件非常丢人的事情，这个想法是幼稚的，小朋友才讲究单打独斗，社会人都是结果导向，能用优势兵力解决绝不单挑。

有资源不用是一种浪费，当然前提一定是不违法。

大家一定要认识到社会竞争的残酷性，这个世界从来都是只看结果，而不看你是靠什么达成结果的，当然还要再说一遍，不能违法。

所以大家一定要仔细盘点自己的家庭资源能为自己提供什么助力，如果有很明确的助力的话，最好是可以围绕自己的家庭资源来进行抉择。

需要注意的是，这里的家庭资源未必是所谓的大富大贵或者决定性资源，那种也是极少数。

如果你家里有资源能直接安排到具体的大公司的关键岗位，那当然好。

如果你家里人只是普通地深耕某个行业，一家人都是做铁路的，都是做电力的，都是做教师的，都是做律师的，都是做金融的，那你选择类似的专业可以得到非常专业的指点，而且是不带有利益算计的毫无保留的指点，这对于一个初入职场的年轻人而言，就是开挂。

如果你家里都是学医的，唉，其实也还行，只不过"劝人学医，天打雷劈"，一家学医聚少离多，大家自己看着办吧。

在选择专业的时候，如果家里能提供非常具体的帮助，直接协助解决就业问题，那么这是一个比较好的选择。

3

第二条，盘点完家庭资源后，要考虑学校的地域性。

我们大部分人家里也不是特别有钱有势能安排未来，甚至都未必是某个领域的专家，或许没法提供最直接的帮助。

那我们要考虑的第二优先级，是地域。

城市和学校决定了我们将来毕业时的关系圈和人脉圈，这是一个大学生刚毕业时的起步资源，一旦换城市就业，会直接浪费掉大学时候积累的资源，非常不划算。

如果家里所在城市本身就不错，那么可以考虑优先在本地上大学，这样一切资源都可以最大化利用。当然，我理解很多朋友其实是不希望跟父母离得太近的，毕竟疫情期间被迫在家已经让很多人意识到还是距离产生美。

万一摊上掌控欲太强的父母，那还是要好好掂量一下的，毕竟学习是为了工作，工作是为了赚钱，赚钱是为了快乐，如果直接失去了快乐，那还弄个啥。

好不容易上大学了，不用被人管了，能跑多远跑多远。我当年就是打死都不要在济南上学。

但我建议不要离家太远。

可以考虑地方省会或者区域中心，例如江苏人选择南京或者上海或者杭州这种。

既不那么近，也不是很远，在高铁三小时左右范围吧。

建议大家不要离父母太远的核心原因是，年轻时候还好，到后面父母老了之后，你的事业和生活离家太远，各种麻烦事情非常多。

尤其是当你步入中年的时候，父母恰好到了容易生病需要照顾的时候，这会是非常反人性的一件事情。

所以才建议认真考虑地域因素，就近入学，既不会被父母过度掌控，又可以保留同学资源以及相对可控的照顾成本。

当然地域只是其中的一个因素，未必是主要的。

4

第三条，不要盲目追逐热门专业，多听专业人士意见，排雷天坑专业。

很多朋友其实自己是没有主见的，往往都是听家长安排，而不幸的是，很多家长其实也没什么主见，信息获取能力还停留在营销号造谣。

然后我们看看近几年被吹上天的行业是什么。

程序员、大数据、人工智能，真的是瞎乱吹，各种培训班、训练营也是和小蝌蚪找妈妈一样到处游荡着打广告。

再加上传统热门的金融行业，大家一起往里面挤，把分数线弄得极高。

说真的，今年大家都往里挤的专业，四年后就业的时候大家一起完犊子，然后考研，考研后发现还得和后两届的本科生竞争，完犊子完得更厉害了。

这就和今年没人种花生，花生价格高，明年所有人都种花生，花生价格低，大家一起破产上天台一样。

一个现成的案例，就现在，去年猪肉价格和今年的价格，你比比看。

报专业的时候，可以考虑热门专业，但也要警惕过热的专业。

那么问题来了，要怎么定专业？信息收集是做判断的基础。

除了上面说的家庭优势和地域抉择，就要去找真正的从业者来问了。

注意，是问真正的从业者，而不是不知道是干吗的长辈。很多长辈自己的人生只有失败经验，听他们的话有时候很容易掉坑里。

例如你问我学金融怎么样，我会明确告诉你家里没钱、没资源，自己又不是顶级学霸，那不要学金融，学了之后大概率是当销售的命，除非你卖保险，不然靠合法手段赚大钱是挺难的。

另外，很多金融大佬其实都不是学金融的，因为学校教的知识根本用不上，而且很多资源也不是上学能获得的。

不是学了金融才有钱，而是有钱人喜欢让自己孩子学金融，金融可以合法把家里的优势资源变现。

例如计算机，我真的问了一个顶级程序员想干这行要不要学计算机，他的原话是可以学，但也不是不学就没戏了，实际上编程这件事情，重逻辑，重英语，重数学技能，重代码能力，所有理科学生其实都可以直接转为程序员，与其纠结专业，还不如多写代码，多参与开源项目，多参加点编程比赛，多刷点 LeetCode 之类的平台，更管事儿。

例如你问材料专业人士材料专业怎么样，你可以收获一堆脏话，并且建议直接转行计算机。

这时候你会问：到底从哪里找从业者呢？

朋友，好好想想，是不是有一个人均年入百万的网站？是不是这个网站有一个私信功能？是不是可以在专业问题下找到很多人？是不是可以加微信了解信息？

别整天看人装腔以及情感类的同质化问题了，多去搜搜专业问题，里面疯狂夸行业好的不一定是真的，在上面说行业不好的显然可信度更高。

互联网时代了，信息根本不是不够，而是看大家肯不肯动脑子。

以及愿不愿意执行。

5

第四条，不要依据个人热爱来选择专业，爱好归爱好，工作归工作。

很多人告诉你兴趣是最好的老师，这句话本身没错，但问题在于这个老师只带你入门，可不保证带你赚钱。

你工作的目的是赚钱呀，不为了赚钱干吗不在家躺着？

况且大多数年轻人，对于自己的兴趣爱好其实一无所知。

很多人觉得自己喜欢画画，喜欢音乐，喜欢写东西，喜欢美食，喜欢旅行，喜欢看B站视频，喜欢游戏，这些是爱好，所以自己也要选择相关的专业。

但恕我直言，大多数人只是喜欢玩这些东西，本质上让你沉迷的是玩乐享受，以及玩乐享受带来的某种优越感。

真让你踏踏实实从专业角度来执行这件事，你可能会痛不欲生。

我拿我自己举个例子，我特别喜欢吃东西，也喜欢在家里烧烧菜，水平也还行。

我在高中的时候认真考虑过去学厨师和食品安全，成为一名厨师，我爸没劝我，而是直接把我抓去安排在一个大饭店后厨当帮工，干了半个月，我差点变成闷猪。由此我深刻认识到自己只喜欢吃菜以及做菜时朋友们的称赞，并不喜欢靠这个生活。

所以我才会感叹，对所有行业的浪漫幻想本质源于对行业的无知。

能理解吗？你喜欢消费某种东西，不代表你会喜欢自己从事某种专业。

你喜欢看视频，不代表你喜欢做视频。

你喜欢打游戏，不代表你能开发游戏，编程是非常枯燥的；也不代表你能成为电竞选手，每天掐着秒表训练的生活你根本坚持不下去。

关于爱好和生活，有一个最好的比喻是，你喜欢一首歌，最快的让你不喜欢的方式就是将它设为闹铃。

喜欢是主观的，但是专业要求的是生产力和执行力，专业是有难度和门槛的。

不要觉得自己有兴趣就去乱选专业，这样会害死你的。

靠着所谓热爱头脑一热选专业，最后的结果就是热爱没了，专业也没了，只收获了一堆被社会毒打后的瘀青。

当然，有人假热爱，肯定也有人真热爱。

对这些人，我更不建议把热爱当作工作。

因为热爱是发自内心的，不计较功利的，而工作是非常功利的。

例如我很喜欢写作，写作让我感到快乐，但是当我给甲方写稿子的时候，我并不快乐，因为不能随意写，甲方有要求，你得让甲方舒服。

不，我不觉得这有问题，因为甲方给钱了，你就是要按时保质保量提供内容，这是一笔公平的交易，要有职业道德和专业精神。

虽然有时候写广告写得头疼，但我依然是业内知名的敬业者。

谋生的职业，需要的是专业精神，并且需要功利地看待，而热爱是没有功利性的，这是不可避免的矛盾，无法解决。

如果你做的事业不是你自己热爱的，那么你不会有这种痛苦，做啥都一样，给钱就行。

所以，不要把自己的热爱当作事业，当你这么做时，你的热爱已经死了。

6

第五条，考虑专业兼容性。

选择专业，大概率就是选择了未来从事的行业，同样也是选择了自己的职业。所以，你需要给自己最大的选择权。

什么叫选择权？

我用一个最简单的例子来解释。

一个很经典的毒鸡汤，很多人说什么上大学当了白领坐办公室有什么用，人家初中就不上学了，现在卖煎饼馃子/烤地瓜/烤串，月入3万元。

先不说月入 3 万元的小摊有多罕见，但这句话的问题本质上就是选择权。

为什么我们每个人都想当白领，都不想一毕业就直接去卖煎饼馃子？

因为一个坐办公室的白领，随时可以选择去做一个卖煎饼馃子的，他有选择权。

但是一个初中毕业卖煎饼馃子的人，可能永远也没法选择做一个拥有五险一金天天吹空调工作体面不用担心城管的白领，他们可能只能选择去搬砖、去送外卖、当保安、上流水线，他们没有回到办公室的选择权了。

当然，只要不偷不抢，这些工作都是值得尊重的，但大家心里是有杆秤的。

专业不一定要是你所热爱的，但一定要是有选择权的。

从专业选择上，什么叫有选择权？

你学了软件工程，不耽误你成为一名互联网运营。

你学了电子通信，不耽误你成为一名销售，不耽误你成为一名程序员。

你学了材料工程，不耽误你成为一名银行柜员。

你学了数学，不耽误你成为一名文学大师。

但是你学了营销，耽误你成为一名程序员。

你学了旅游管理，耽误你成为一名数据分析师。

很多工作是没有门槛的，这就代表着选这类专业的收益太低了，反正什么专业都能做，何必专门去学。

万金油专业，从来不是一个好词，你懂吗？

在选专业的时候，一定要考虑到向下兼容性，尽量选择有门槛的专业，这样一是就业有优势，二是给自己留了转其他行业的后路。

让自己有的选，是对自己最大的负责。

7

第六条，选择学校和专业的时候，不要只看当前一步，要多看几步。

学校分热门学校和冷门学校。

专业分强势专业和冷门专业。

一般大家纠结的是，好学校和好专业怎么平衡。

如果打心眼里决定考研读研，那么好学校就更重要，因为很多单位看研究生的时候，也看第一学历的。

如果还没想好要不要去读研，那么好就业的专业就更重要。北京邮电大学的计算机、"华中五校"的理科和清华大学的历史学相比，显然前者更好就业。

如果你是强势专业，那就拼命钻研本专业知识，多打比赛、多拿奖、多考证，然后去找相关实习机会，刷经验。

如果是非热门专业，就更要拼命学习，因为你要保证自己是前几名，然后转专业或者修双专业，接着就是努力双修再去找相关实习机会。

如果不考虑短期实习，那就拼命准备考研，利用读研究生再多一次选择专业和学校的机会，这一次，一定要选大城市的好学校的热门专业。

实习经历大于专业比赛大于学习成绩。

8

看到这里你肯定觉得我真烦，选个专业这么抠抠搜搜地算计。

我告诉你，很多人所谓的中年危机，就是年轻的时候算不过来账的事情做太多了，以为自己能一直牛下去，结果到了中年各种危机一起爆发。

一定要在还没有出现危机的时候未雨绸缪，真正的聪明人是让坏事不要发生，而不是发生了之后怎么办。很多事情到了最后都是无解的，没商量的。

很多烂鸡汤都会告诉大学生要做自己爱做的事情，追寻自己的本心云云。

这都是废话。如果没有经济压力，谁不知道做自己喜欢的事情？大家的问题从来不在于自己喜欢什么，问题的关键在于要怎么实现。

记住，赚钱才是你工作后最重要的事情，没有比赚钱更重要的了。

工作的目的就是赚钱，赚钱的目的是让自己有选择权。

我啰啰唆唆给你说了这么多，告诉你不要因为爱好选错专业，告诉你要结合家庭条件选择，告诉你就读大学时要拼命做对自己就业有帮助的事情，告诉你要找有选择性的工作，为的就是让你赚钱。

爱好和赚钱并不冲突，你完全可以在工作之余尽情发挥爱好，不带功利性的那种。

如果你真的到了人生的某个阶段，觉得自己就是痛苦，就是要把自己喜欢的事情当作事业，那就去燃烧吧，有自己前些年赚下的钱，不管怎么样你也还有退路。

我不是教你放弃爱好，而是教你如何解决重点问题，用时间换空间，给自己保留最大的余地和可选择性，最好还有足够的退路。

我不是教你放弃，我是教你如何正确地不放弃。

" 让你利益最大化的职场生存策略。"

第二章

不要温和地
走进那个职业

职场薪资倒挂的背后，
是利益最大化

关于薪酬，最有趣的一件事儿就是薪酬保密制度。

几乎每家公司，都会有一套薪酬保密制度，员工之间是不能够随意交流薪酬的，如果违反了这个制度，是有可能被开除的。

为什么每家公司对于工资都要保密？因为其实大家的工资差得太多了，一旦所有人知道所有人的工资，事情会乱套。尤其是很多人发现自己累死累活还得背锅，但其实不如隔壁天天摸鱼的人工资高，心态顿时就崩了，然后手头工作一丢，光速加入带薪摸鱼的行列。

毕竟人不患寡而患不均嘛。

但其实工作强度与工资不匹配这种事情，在职场中是非常常见的。多劳多得、少劳少得这种事情，反而在职场中是很少见的。

在正常情况下，在私人企业中，老员工不如狗的现象比比皆是，待遇不仅经常低于新员工，还经常低于应届生。别笑，这是真的。

至于所谓的多劳多得、少劳少得，这只是美好的幻想，踏入社会的第一步，就请先把学校里教你的规矩丢掉，因为你没有后盾了，社会上比拼的不是这些。

所以我打算从薪酬倒挂以及工作强度与收入不匹配这个现象来讲讲职场的一些道理，未必是对的，大家随便听个乐呵就行。

在我看来，所谓的薪酬倒挂，工作与收入不匹配，是非常正常的现象，甚至可以说薪酬不倒挂才有鬼了。

或许你觉得不可思议，没关系，听我慢慢讲完，你就懂了。

为什么绝大多数公司宁肯给新人更高的工资也不愿意给老员工加薪？

为什么工资从来都不是依据工作强度来客观制定的？

为什么几乎所有公司都严防死守，让薪酬保密？

如果一个东西听起来违背常理或者直觉，但又非常流行，那么只有一个答案，那就是这东西确实有用，而且好用。

我们都知道，一家公司追求的一定是利益最大化，不管公司做出什么决策，都是要实现这个效果的。

对员工好，让员工拼命干活儿，是一种方法。

对员工不好，压榨员工，也是一种方法。

当一个公司出现大规模薪酬倒挂的时候，除了小概率是老板自己傻，大多数情况都是管理者认为这么做的好处比坏处多。

不要指望老板良心发现，朋友们，指望老板良心发现，这不是老板有问题，是你的思想出了问题。

薪酬不平等，恰恰是公司管理者利益最大化的具象体现。这里的管理者，我分为两类。

一类是公司的职业经理人以及中层和基层管理者，他们不持有或者少持有公司股份，本质上还是打工的，所以第一利益优先级是自己，而非公司。

一类是公司的所有者，他们个人的利益和公司是高度绑定的，所以他们的第一利益优先级是公司。

对于公司的所有者而言，其实只看整体的收益和成本，不太会纠结于给哪个人多一些，给哪个人少一些，这太无聊了。

造成公司薪酬不平衡的，主要是第一类的职业经理人，以及中层和基层的管理者。

职业经理人类型的管理者，他们的核心诉求是什么？钱，以及能够兑换成钱的权力。

OK，我们可以知道他们的核心利益诉求是先掌握权力，然后利用权力来牟利。

那么问题来了，什么是掌握权力最快的方法？

可能大多数没有当过管理者的人觉得是好好干，干出成绩，获得身边所有人包括老板的认可，然后升职，获得更多权力。

想法是对的，但在执行过程中，未必是这样。

我告诉你如何快速掌握权力。很简单，**在现实职场中，很多管理者权力扩大，是靠自己管理人数的增加来实现的**。下属越多，管理者的权力就越大。

你管的人越多，你在公司的权重就越大，并且由于人多了一定会有内斗，作为仲裁者的你，反而地位更加稳固，在上层领导眼里也更加有价值。

那么问题来了，如何让自己快速把人搞来给自己管？如何才能快速撬动权力膨胀？

一种是拉拢老员工，这个其实成本太高了，而且人家凭什么理你？

对了，你想到了，最简单的方法是提需求招人，而且是快速招人。很多空降管理者最爱干的事情就是招人，不招人他们都不知道干什么了。

那么如何才能快速招到人呢？

你又想到了，加钱。不加钱，是很难快速招到人的，所以很多新来的人薪酬高于老人，并不意外。

那还有人说了，老人万一干得不爽离职了怎么办？

朋友，老人离开后留下的坑，显然一个新人是很难直接顶上的，那就刚好可以找借口再多招几个人，反正锅都可以往离职人员头上扣。

放老人走，新申请多个HC（名额），多招几个人扩大权力，很多管理者喜欢玩这个套路，毕竟符合规则，操作简单，又能把自己的利益最大化，额外增加的成本反正是算在公司头上的，又不用他自己掏钱。

即使从大局上对公司成本会有浪费，效率会变低，但是对于管理者自己是大赚特赚，大不了过几年顶着更高的 title（头衔）去跳槽就好了。

你以为管理者不懂，实际上他们比谁都懂，只不过大家的利益不一致而已，人都是趋利避害的。

哪有什么头脑问题，归根究底都是屁股问题。这么赤裸裸的真相，你说要不要保密？

即使排除管理者因为自身权力扩张作妖，即使是从不给自己惹麻烦的角度来看，允许薪酬倒挂的存在都是非常高性价比的行为。

对，是高性价比，是不给自己惹麻烦。

在绝大多数公司，给老员工调薪都是一种非常非常麻烦而且性价比不高的行为，一般来说不是天地良心级别的管理者，没理由给自己惹一身腥。

很多管理者的核心生存逻辑不是创造价值，而是不出错，不惹麻烦，默默等待对手出错。

确实是尿。但是尿归尿，很多时候熬到对手挂掉，也是一种战略。

给老员工调薪就是很容易搞出幺蛾子的一件事。

一般来说，大公司有完善的加薪体系，每次加薪多少，普调多少，公司都有明确规定。

在大公司里，争取大幅度内部调薪的难度要高于申请新的高薪 HC，因为它们是两个不同的流程。

帮你申请超出常规的调薪幅度往往需要层层审批报备并且要老板做出担保，一个底层员工加薪幅度超过 50% 的话，甚至会惊动大老板审批，虽然可能只加了 5000 块，但是比例惊人。

而申请一个高薪岗位只要差不多符合市场定价就可以了。

所以，如果你不是不可取代的员工，那么对你的上级来说，为你强出头申请高额调薪，是一件非常具有风险的事情。

因为如果特批给了你高薪，如果你后续无法产出更多或者不是不可替代，那么他就比较被动了。

从性价比来说，申请一个新 HC 才是更好的选择，因为后者更简单，而且可以塞自己人进来。每个人都是趋利避害的，干吗要去做困难的事情呢？

反正又不是没你不行。

记住了，在大公司里，你只是老板算的人头数。

大部分时候，你都不是不可替代的。

如果真给你一个普通员工做到了所谓不可替代，那只说明一件事情，那就是公司做得垃圾。

这么赤裸裸的真相，你说要不要保密？

或许你说了，万一我特别优秀呢，就是不可或缺呢？

朋友，你对于世界的残酷和职场的丛林法则一无所知。

如果给你一个人大幅调薪了，那么其他人怎么想？是不是还要给其他人大幅调薪？搞成按闹分配吗？

任何一个合格的管理者都不容许这种情况出现，人力成本是小事儿，真正重要的是自己的权威被挑战，自己管理者的资格被质疑，这个非常要命。

管理者最怕的不是错，而是弱。

所以杀鸡儆猴也是一种策略，要树立自己宁可去外面花贵的钱也不愿意屈服的形象，因为这次退一步，下次就要退更多步，最终导致人心不平衡，团队失控。

所以，宁可从外面招一个高薪的。首先能避免出现单一老人大幅涨薪导致团队内心不满，毕竟人都是不患贫而患不均的。

其次就是即使大家有不满，也可以团结起来孤立这个新人，反而会增加这个团队的稳定性。

如果新人表现出了超强的能力，那么大家其实也就没啥不服了。如果新人能力不太行，大不了在试用期就合理地低成本地干掉，让老人觉得满意，团队也就没有怨言了。

就是立一个靶子在那里，至于是当作正面教材还是反面教材，老板不管怎么样都可以玩得转。

这么硬核的原因，你说到底要不要保密？

在同一个行业里，公司待遇多数都是大差不差的，能拿到高薪 offer 的人总是少数。

绝大多数人，其实权衡下来跳槽的风险和获得的工资涨幅未必都是完全匹配的。

总有人怀念公司的氛围，不走。

总有人太懒，只要公司不是太过分，不走。

总有人觉得大家都脸熟好办事，不走。

总有人觉得自己还要学习，不走。

总有人觉得换工作麻烦，不走。

总有人有妻儿老小，不走。

总有人家离得近，不走。

那么走的一些人刚好还可以促进公司新鲜血液流动，领导者还可以趁机多招几个人扩大职权，皆大欢喜。

对管理者来说，这是可控的。

可控，很重要。

这么残酷的真相，你说要不要保密？

如果抛开别的乱七八糟，只谈价格的话，薪酬倒挂也是一种正常的经济现象。

因为老人、新人的薪酬计算方式就是用了不同的统计方法。

给老人的薪资涨幅，对应的是当年的市场价，以及公司制度一年一年普调的，不参考具体数字只参考涨幅百分比。

给新人的薪资，依据的是当前的市场价，不参考与公司老人的对比，只参考当前的市场价开到多少才能招来人。

不是说公司非得给跳槽的人高工资，而是公司开出了高工资别人才有心思跳槽过来，毕竟跳槽如同投胎，是有风险的。

所以这两个价格存在错位非常正常，况且市场价也不是总比内部价要高的。

有的时候市场就业不好，给毕业生的薪资低了特别多，毕业生进来了也和老人做一样的工作，比老人更能加班，更能付出。

很讽刺的是，其实新人的薪资比老人的高，恰恰说明市场环境变好了。

这时候有的老人肯定不开心了——我也想跳槽，也想成为别人口里的"新人"。

很好，这个态度是积极的，但是很多人面临的现实情况是，其实很多老人真的没有新人优秀，他们最大的优势不是能力，而是比较融洽的同事人脉，以及对于公司内部流程的熟悉程度。

换句话说，他之所以在这里能发挥作用，不是因为个人能力够，而是因为他比别人更熟悉这套流程机制，更能通过卖脸来获得资源。

这在各类大型企业特别特别常见，这样的老人非常非常多。他们不是有十年经验，他们是两年的经验用了十年。大家也可以想想自己身边的人。

而且有一说一，真正的大公司，其实是"去能力化"的。什么叫去能力化？就是说，在大公司里，往往会有一套完美的公司人才体制，是倾向于把工作细致化、规范化、简单化，并辅以各种流程指导和老员工帮带，让新人可以快速上手，岗位可以快速更替。

很多外资公司就是这种玩法，各种招聘要求很高大上，实际上进来之后就是做重复性简单工作。这样做的好处就是公司不会因为少了任何一个人就出现重大危机，一个干了很多年的人和应届毕业生在这个机制里都是差不多的水准。

只有绝对的稳定化，才能让公司走得更远。现在很多互联网公司也逐渐有了这样的趋势，很多岗位都是细致到只有本公司有，其他公司没有，让你跳无可跳，况且东家给的薪水也还好，你就成了被圈养的羊，只能被拔毛，无法反抗。

这种情况下不是你想不想走了，而是你还能不能走，你还有什么资本和能力与公司谈判？你哪里来的溢价权？

很多人都是年轻的时候撑天撑地，一过30岁就屁成了狗。说穿了还是被圈养了。

这么悲伤的事实，我想还是保密吧。

讲完现实状况和原理，再讲讲如何应对。

不管你面对的是什么情况，我认为都只有一种策略。那就是当你在同一家公司工作两年的时候，如果工资涨幅没有达到你的预期或者说学到的知识和能力让你觉得没有成长，未来可能也没有变现空间，那么就该考虑动了。

不是说让你一定要跳槽，实际上跳槽也要看大环境的，有的时候就是老实待着最聪明。

我的意思是，最起码每年都要去同业那里面试一下，跳不跳不重要，起码你要知道市场价，也要知道自己的价值。说不定你拿了一圈offer发现价格还不如自家，或者拿不到满意的offer，那说明你现在的公司没有亏待你，你就只值这个价，摆正心态，好好上班，现在是市场经济了。

同时，这也有助于你了解市场的最新需求，知道自己的努力方向。这个比价格更重要。

工作是大半辈子的事情，要先摸清楚市场需求，然后定向努力。不要埋头瞎干，要聪明地及时掌握市场动向。

记住，即使被别的公司拒绝了，也尽量向面试官或者HR诚恳请教自己被拒绝的原因，多数人在没有利害关系的前提下是愿意和你分享一些看法的，这些看法都有利于你完善自我。

另外就是别把简历到处瞎投，尽可能走内推或者猎头，且只投极少数的定向公司，不要频繁请假，要记得保护好自己面试这件事儿，省得被现在公司的老板发现，那你就左右为难了。

最后，不要觉得不好意思谈钱。

我们出来工作就是要赚钱的。所谓职业规划，说白了就是看赚短期的钱还是赚长期的钱，归根结底重点还是在赚钱。

没有财富自由，就没有思想自由，所以我认为各位追求钱是非常正当的事情，我自己也是这样的。

当然，一切的前提，还是你有足够的能力，能够在别的公司要到价格。一切策略的基础，都一定是你自己能打。

你的实力是1，运营是0，没有这个1，多少个0都不管用。所以，你是想做1，还是想做0呢？

搞钱没问题，
但只盯着钱就比较蠢

1

事情是这样的。

有人说过这样一段话："我发现很多年轻人并没有对自己的未来有很好的定位。他们会把'挣钱'作为找工作的首要条件，从来不思考自己到底为社会能做什么。"

这话一出，言者可谓犯了众怒，就差一个蛋糕拍他脸上判他一个不食人间烟火的罪名了。

群众的愤怒当然有道理，谁不想追求理想，追求理想不得要钱吗？

谁不想找到方向，但如果都是弯路，鬼知道自己会被掰成什么形状。

说什么理想，说什么选择，说什么自由意志，和你们这些少爷小姐不同，我们活下来就已经很努力了！

而且很多人离职去做销售，不就是因为钱不够养活自己的孩子吗？

啊啊啊啊啊啊，一想到明天还要交房租，我就气死了。

虽然那人的话听起来很刺耳，但我觉得这话本身没啥问题，有问题的是言者的表达方式，又是说年轻人不知道艰苦，不愿意进厂干活儿，又是说钱不是第一位的。

你说，年轻人应该着眼于长期的钱，先找到属于自己的定位，先找到能证明自己价值的机会，这有错吗？

没错啊，但问题是现实中大部分人其实是没有资格选择的，当一个年轻人刚刚毕业，拿着不多的钱到一个新城市，他需要做的只能是快点找一份工作，来赚出下个月的房租。

这份工作喜欢不喜欢、适合不适合，对这些年轻人来说并不重要，只要给钱挣就行。

不是年轻人不想选，而是那些特别好的有发展的工作根本不要他们，他们被逼无奈只能去选那些没前途的工作。

但那句话有一点说得很对，那就是大部分年轻人在毕业后，对自己能干什么、该干什么完全没有认识。

他们不知道自己在社会上应该找一个什么位置。用一个比较专业的词来说，就是没有职业规划。

或许你以为我又要给你讲鸡汤了？不是的，我这本书里全是毒打。请做好生理准备。

2

在我看来，大多数的年轻人其实很冤。冤在他们不是不能吃苦，更不是不肯吃苦，而是他们一直在拼命努力，最后却因为信息差被收割。

什么意思？

大家仔细想想，大家读书的时候这么努力、这么用功，为什么读书读出来之后被社会摔打？人都是一样的人，到底是哪里出了问题？

缺乏对世界的认知，缺乏信息，这个问题不是毕业突然出现的，在高考报志愿的时候就已经有端倪。

高考还有不到一个月，很多小朋友准备了十来年要打的大决战就在眼前，他们在拼命思考怎么多考1分，但是其中大部分人在高考之后，对于应该如何分战利品毫无认知。

很多人习惯在一条固定的赛道上拼命加速，结果到了十字路口就蒙。

在这个"做题家"世界里，人人都知道要考985、211，但是并不是人人都记得考完试还要选专业。

结果就是当他们打完了决战，该享受胜利果实的时候，往往十分精准地选择了一些天坑专业。

很多学霸最后倒霉就倒霉在选错了行。你说，冤不冤？

大部分人即使选错了专业，也只是过得不太开心，在选择之后也只有顺着这条路走下去，但是大学选专业不是最后一次选择，这社会上到处都是选择。

很多人说大学学什么专业不重要，因为大部分人不会做与自己大学学的那个专业相关的工作。

没错，这是常识。但是常识不代表合理，更不代表问题能被解决。

毕竟，不和自己专业契合的工作，也会分成好工作和坏工作。

老话说男怕入错行，其实女也怕入错行，一旦入错行，半辈子就交待进去了。

这年头儿结婚哪有工作靠谱。

3

搞钱重要吗？太重要了，不搞钱谁想上班啊。

但只盯着眼前的钱，是大错特错。

钱的总数是单价×时间，不能光看单价，也要看时间。

要想长期持续地搞钱，就需要有长期的规划，工作是有性价比这个概念存在的。

只谈性价比其实没意义，因为选择的前提是你有的选。

大多数年轻人的问题是没的选。

所以你不得不——对，我用了"不得不"这个词——来找一份短期未必赚钱，但能被你拿来作为履历的工作来做。

这份工作很有可能不仅不能让你搞钱，还会让你觉得被压榨。

但你需要这份工作，因为你需要证明自己，让下一个老板为你接盘。

这年头大家都说工作难找，其实是菜鸟的工作难找，行业的中流砥柱并不难找，大公司HR的招人KPI（关键绩效指标）都快疯了。

菜鸟难找是因为没有证明过自己的价值，老鸟好找是因为他们已经证明了自己的价值，有了选择权。

这其实就是"到了社会能做什么"的含义。

你能做什么，才是讲条件的基础。

搞钱没问题，工作就是交易，但你提供不了价值，老板也鸡贼啊。

只盯着所谓搞钱，其实并不能达成搞钱的目的。

讲白了就是，为了能多赚钱，早期少不了低头吃苦。

你打个《王者荣耀》，你也知道射手早期要闷头发育呀，对不对？

4

搞钱不是喊口号，不可能谁喊的声音大，谁拿钱多。怎么搞钱，搞什么钱，什么钱可以要，什么钱不能要，这里面有一套方法论，需要在心里有一个目的以及一个策略。

举个例子，有那种不给交社保、花式逃税短暂增加工资的野鸡作坊，干好了也能月薪过万，但你能干多久？一直不交税、不交社保，你以后怎么办？在城市能不能扎住脚？买房的时候怎么办？

如果你的目的就是缺这些现金，要快点赚钱，那赚短期的钱也可以。只要你知道这是你想要的，就好。

如果你的目的是长期稳扎稳打，那你可能不得不需要忍受一些看起来收入不高的工作。

当然你可以不忍受，只要你爸妈足够厉害。

你要是有这个投胎本事，你也不纠结了，对不对？

我身边有一个非常现实的案例。一个小哥，三本学历，唯一爱好就是摄影，拍得一般，但是对未来的思路非常清晰，大学时疯狂踩摄影展，在摄影展上加各路大佬的信息，最后得到了一个在某官媒实习的机会。

说是实习，其实就是不给钱打白工。

他一个月几千块地贴钱在北京耗了两年，最后拿着这份资历进了大厂。

五年后，已经截然不同了。

我之前问过他，那时候赔钱是怎么坚持的，人家讲得很实际：我学历不行，我得给自己加标签，这种能够咸鱼翻身的机会，倒贴钱也要去，我和家里也这么说的，家里愿意支持。

为了做长期收益，愿意在短期赔钱。

当然，这种案例也是个例，我们不能拿个例作为共性来说。

那到底有啥简单的方法让你稍微少点信息差呢？

很简单，当你选择一个工作的时候，你先问问自己：三年之后这份工作能带给你什么？你的三年工作经验能在市场上换多少钱？

择业本身就是一种投资。

当你三年内付出的代价和你三年后获得的成果相比是值得的，那这份工作就值得做下去，哪怕再苦再累都可以坚持，因为你知道三年后的你会怎么样。

如果你连三年之后自己还能被榨剩下什么都想不明白，那最好在三个月内找到下家。

如果你现在赚得很多，但是觉得自己活不到三年后……建议先想想你死之后老婆会嫁给谁。

搞钱是硬道理，是我们奋斗的目的，但是一味贪婪的策略并不总是最优解，很多时候需要我们克服短期的贪婪，追求长期的收益。

人需要有闷头做事的品质，但也要聪明地选择领域。

5

只要有的选，就一定要仔细调查自己备选公司的状况，钱很重要很重要很重要，但钱绝对不是唯一标准。

你知道为什么大公司那些年薪百万的中层管理者面对创业公司动辄三倍的工资诱惑，大部分不考虑吗？

因为他们很清楚，这个钱多，但不知道能拿多久。

说难听一点，创业公司一个是没钱，一个是老板一言堂，放弃自己确定性的收益去追寻不确定性，属于有病。

就算创业公司以后做好了，自己作为元老，老板到底是李世民还是朱元璋，谁知道？

在有必胜策略的情况下，赌是愚蠢的。

同理，年轻人找工作——

一家给你的钱多，但是让你加班加到死，甚至有可能几个月后公司没了。

一家给的钱少，但是工作轻松没烦恼，这个钱到底值不值可能还得列个时薪表计算一下，算完之后你可能惊讶地发现月薪多的那个才是实际给得少的那个。

更不要说还有工作环境、管理风格、隐性福利这些元素：有的公司零食吃到饱，有的公司年假多到爆，有的公司管理严苛，有的公司办公室里还有小强。

你干的职位，是抓个人就能做的消耗岗位，还是有升职空间，能够带给你更多技能成长的核心岗位？如果干得不顺心要跳槽，这家公司能给你带来什么样的加成？这些信息都会成为择业时的关键要素。

每一份工作，都要能帮你在找下一份工作的时候拿到选择权，不然将毫无意义。

现在一个大厂和小厂都让你加班，大厂加班三年，猎头能打爆你的电话，小厂加班三年，你可能只能拿着不能变现的期权吃散伙饭，散伙之后找下家别人还压你价。

更深层的，你还要私下调查一下以前在这公司干过的人对公司的历史风评怎么样。

有些公司就是喜欢忙的时候突击招人，度过高峰期再二话不说地把招来的实习生踹了，这种信息在网上一问就知道，但你不知道，往里冲，就可能会变成工具人。

还有些公司是报复性挖人，随意开出三倍工资挖对手骨干，然后不过试用期就开除，公司战争随便出一招，你在中间成了炮灰，尴不尴尬？

报复性挖人这种事儿，我见得多了，不过就是几倍工资，撬走对手一个核心 leader，真的划算。

钱很重要，但不是所有的钱都能安稳到手。

社会水很深，警惕钓鱼。

6

在日本有一个词叫"情报弱者"，是说丧失了自主搜索信息能力的人，而"情报弱者"在现在这个时代满地都是。

你看着他们好像很惨的样子，每天都在抱怨自己生活不如意，但生活到底该怎么如意，他们其实根本不在意。

他们就是想要靠抱怨来抒发一下内心无处安放的憋屈，然后该咋的还咋的。

收集情报，思考分析，太累了，不干。

还是抒发情绪冲冲冲最爽。

是，爽。

但意义是啥？能不能多思考一下，让自己可以长期爽呢？

看到这里，你是不是觉得很有道理？

大家要学会主动搜索信息。

在和资本搏斗的过程中，"韭菜"最大的问题并不是资产问题，而是信息问题。

别一看见搞钱就想冲冲冲。

先锁定自己想要前进的方向，把这个方向上的信息都搞透，在局部地区获得信息优势，让自己能反过来占资本的便宜。

就像你以为你在大厂工作获得的能力真的重要吗？不，很多大厂员工的工作能力是有平台加成在的，离开成熟的平台未必能发挥作用。

真正重要的只是你在这公司工作过的事实。

资本要你的劳动力，你就去蹭资本的附加值，从资本身上捞到自己想要的标签，然后卖掉这些蹭来的附加值，这才是搞钱的正道。

在日本动漫《赌博默示录》里有一句话："在人生的岔路上总是将判断交给他人，随波逐流地活着，这样的傻瓜无可救药。"

你是要做这样的傻瓜，还是要自己掌握胜算？

寻找信息，做判断，承担后果，牺牲短期收益，一定都是痛苦的。

但不痛苦，凭什么是你？

代价是什么呢，朋友？

为何有的职业后期不给力

1

很多在职场拼搏的朋友对于年龄的感知是越发担心的。尤其之前很多人在传35岁是个门槛，这让很多接近这条线的朋友没有安全感，每次公司招了新人，都很担心自己被取代。

虽然说出来很残酷，但这的确非常现实，并不是所有行业都是年龄越大越吃香的。

有些职业的价值在短时间内飞快地爆发出来，但随着时间的流逝，这些价值开始逐渐衰减。

到了一定年龄，人的经验虽然在增加，但身体确实是扛不住，无法高强度熬夜，经不起折腾，这些都是人体的自然规律。

而对一个企业来说，所有员工本质上都是工具人，都是零件，并不是工作时间越久就越重要，而是需要员工持续不断地产生价值。坦率地说，就是性价比。

当新人的性价比高于老人的时候，企业是不留情面的。特别留情的企业，要么本身就是垄断，要么不需要赚钱，要么已经挂了。

即使是一个普通人，如果让你去管理一台机器，你发现一个齿轮磨损了，这个时候最优的选择当然是换一个新的零件，而不会去考虑旧零件被换下来以后会面临什么处境，即使这个零件曾经帮你产生了很多效益，但不行就是不行了。

这很不近人情，但事情就是这么个事情。

追求利润，追求性价比，这才是企业永远的行动纲领。

而对企业来说，一个大前期职业，利益最大化的选择就是快速榨干，然后抛弃。

所以今天，我想简单谈谈为什么有的职业是前期，越老越不值钱；有的职业是中后期，越老越值钱。

有些话可能说得比较直接，但我觉得不说直接点就没有意思了。

及早放弃幻想，不要相信公司是家，给自己准备第二条路才是王道。

2

前期职业的一个典型特点是，市场需求的极度不稳定性，供需容易出现大量变动。

这既是因也是果，在市场需求大于供给的时候，从事这个职业的人必然会享受到职业溢价，也就是高工资。

互联网是一个典型的前期行业，在行业发展的早期，有大量的市场可以开拓，涌现了大量互联网独角兽企业，各种概念、各种赋能、各种烧钱，做的是增量市场。

在增量市场上，企业需要大量的员工来开疆拓土，并且那个时候同一个领域往往有多个公司在竞争，每家公司都觉得自己才是未来。

有时候高价招聘，甚至是一种防守策略。

讲白了就是有些人我不是很需要，但我更需要我的对手得不到。

这是溢价的起源之一。

另一个起源则是烧资本的钱不心疼。

一方面供不应求，一方面市场涌入了大量的热钱，企业也给得起钱，这就造就了互联网行业远高于其他行业的起薪。

但是在单一领域活下来的企业就那么几家，而从倒闭的那些公司离开的程序员只能再次投入就业市场。

与此同时，市场上还有大量计算机专业的毕业生在涌来。

人才供应链的逐渐完善是互联网从一个新行业走向成熟的标志，但人越来越多，需求越来越少，等到新市场被分割得差不多了，开始做存量的时候，大家忽然发现，市场其实并不需要这么多程序员。

程序员这个职业和老师、医生这样的典型后期职业有一个很大的区别，就是同一家企业对于程序员的需求是不稳定的。

刚需不一定能产生溢价，但一定非常稳定。

医生治好了一个病人以后并不会说就没事可做了，因为永远都会有新的病人，而老师虽然教完一届学生以后又在重复，但永远都会有孩子长大需要上学。

不需要换医院，不需要换学校，永远有新的需求需要执行。

人一定会得病，大部分得的病不会差很多。

而相比之下，对程序员的需求是由公司有没有新产品的开发计划来决定的，做新产品的时候可能需要一百个程序员来开发，但是做完了以后平时只需要五个程序员来维护就够了。

那剩下的九十五个程序员怎么办呢？

有人可能会说，即使暂时用不到，但是可以留着到开发下一个新产品的时候再用。这种想法很天真，要知道，很多互联网小公司其实就指着几个项目吃饭，一个项目完了以后未必还能有开发下一个的机会，不节约成本说不定明天就倒闭了。

即使到时候又需要人了，直接招新人不香吗？

在一个供大于求的市场上，越晚招人的性价比其实越高。

永远会有新的大学毕业生在找工作，他们可能没什么经验，可能技术一般，但是他们要的钱少，身体好，能熬夜，听话，好管理。

如果你是一个企业的管理者，排除掉感情因素，你也会用这种性价比高的新零件换掉旧零件。即使旧零件上满是为了公司业务才生出的锈痕，但生了锈的零件，也确实不好用。

不光是互联网行业，其实对任何一个行业来说，都存在用新人换掉旧人的问题。

这一点都不温情，但很现实。

现在的问题是，绝大部分人并不是那个管理者，而是那个可能被换掉的零件。

不管你现在是新还是旧，都必须提前为你的未来考虑。

这个世界上只有你自己才能为自己考虑。

3

前期职业还有一个特点，就是可替代性强，属于劳动密集型工种。

虽然程序员一开始的确是高技术工种，但这其实是时代原因，就是20世纪国内根本就没有互联网行业，能接触到计算机的人非常少，所以物以稀为贵。

而从实际情况来讲，程序员反而是特别容易培养的低门槛行业。那些学费几千块的计算机培训班，九块九的网课，只要脑袋不傻，学个一年其实就能应付最基础的业务需求代码。

当然，稍微复杂的需求和架构优化以及算法肯定做不了，但大多数公司也不需要程序员做这些。

甚至很多程序员的日常就是google+git，然后ctrl C+V，改改参数，调调接口，写写文档，就好了。

当然，低门槛不代表低上限，往往越是低门槛和速成的行业，能脱颖而出的越是大牛，比如销售，看似谁都能干，但能干好的绝对不是一般人。

但是对这个行业里最广大的那批普通从业者来说，如果没有了个人经验和技术的优势，那么身体素质随年龄的衰弱，就会直接降低自身对企业的价值。

更何况，现在其实已经不需要程序员来从零开始写代码了，客户的很多需求都是模块内的，直接调用现成的代码就可以了，而那些客户的个性化需求，产品经理抽风在半夜新开的脑洞，这些不困难但是烦琐的东西，才是现在程序员的主要工作内容。

对这种活儿来说，工作经验其实并不是最重要的，能熬夜，反应快，脾气好，才是核心。

个人水平的差距在被黑箱无限拉平，体力反而变成了主要的竞争力。

技术工种到最后拼体力，只能说明技术本身没有那么高的门槛。

为什么大前期职业体力一旦跟不上就会迅速贬值，而像老师和医生这样的大后期职业反而会年纪越大越吃香？其实关键就在于，体力的下降会对你的产出效率造成多大影响。

比如说程序员的很多工作内容，谁来做其实都差不多，那么谁能单位时间产出更多，每天花更多时间在工作上，其实就直接决定了他的价值。

大前期职业之所以是大前期职业，就在于这些职业到最后往往会变成拼体力，但人老不以筋骨为能，随着年龄的增长，大家的体力都在衰退。

而对大后期职业来说，体力虽然也很重要，但主要的竞争点并不完全依赖体力。

名医强在能够把一个患疑难重症的患者治好，而不在于同时治多少个病人。

名师同时教的学生越多，效果同样会越差，一对一教学才是效率最高的，而这对体力的要求并不高。

所以对大前期职业来说，年龄是减量；而对大后期职业来说，年龄则有可能是增量。

菜越新越鲜，酒越陈越香，道理不复杂。

4

大后期职业还有一个特性，就是这些行业都是发展得相对成熟的千年行业。

成熟就意味着达到了一个稳态，社会对它们的定位，其从业者在各个时期能获取的酬劳，都是相对稳定的，不存在像互联网行业这样存在大量波动，几年上天几年入土的样子。

新行业有新行业的优势，先入场的人薪资高，待遇也高，因为从前没有这个行业，所以从业者少，市场大，大家都在抢人做增量。

但是一旦行业进入稳定期，开始做存量的时候，一切就会回落到正常水准，而且对人的需求也会减少，刀枪入库，马放南山，对老员工挑挑拣拣。

相比之下，传统行业本身已经破灭过，现在已经没有容纳泡沫的空间。

另外，这些行业的发展已经到了相对的瓶颈阶段，在短时间内并不会突飞猛进，导致从业者的知识更新速度跟不上。

医生再怎么样，也是治这些病。老师再怎么样，也是教这些内容。

但是互联网不一样，这个行业的更新换代速度极快，经验丰富有时也意味着落伍。

有得就有失，有利就有弊，这也是一种圆满。

此外，并不是说传统行业都是大后期，老师和医生这样的职业之所以能够后期发力，是因为这样的职业吃的资源多，越到后期替代成本越高。

要培养出一个优秀的医生，需要经历多少病人？要锻炼出一个经验丰富、熟悉学生心理的老师，要教多少学生？

这些职业不能速成，也很难低成本重复，他们的工作经历，本身就是一种难以复制的资源。

说得严肃一点，医生的经验都是用一个个患者的疾病喂出来的，想速成一个经验丰富的医生，光是找到这么多患者就是极为艰难的。

飞行员为什么宝贵？就是因为培训成本极高，使得飞行员的价值甚至超过等体重的黄金。

这个道理其实适用于任何一个职业，甚至任何一个个体——你吃下的资源越多，要替代你的成本就越大，你就越有价值。

也许你做不到让别人非你不可，但是你可以试着让自己变得一旦离开，别人就会损失惨重。

5

当然，我并不是在说程序员不好，更不是说互联网不好，我自己就是互联网从业者。

在我看来，互联网已经是当代最好的行业之一了，即使把因为时代而覆盖的那层滤镜去掉，挤掉泡沫，互联网这个行业依然存在大量给年轻人逆天改命的机会。

而程序员这个职业也是一样，大前期职业本身并不是一个劣势，程序员收入的起点就是某些其他行业的天花板。

能用二十年的时间，赚到其他职业一辈子都未必能赚到的收入，这其实很幸运。

问题不在行业，在于从业者的思维。

很多互联网从业者并没有清晰地意识到自己是占了职业的便宜，还以为这辈子都能拥有远高于其他行业的收入水平，于是养成了把后半辈子的钱也一起花掉的消费习惯。

他以为自己的人生是一柱擎天，但其实只是抛物线。

本质上，这才是很多人陷入中年危机的根源。

所以，无论你是已经工作了还是正在选择以后的职业道路，想要降低中年危机的风险，都可以考虑一下这些问题。

假如已经进入有泡沫的新兴行业，就在这个红利期多赚钱多存钱，不要养成高消费的习惯，以免泡沫消失后接受不了落差。

无论从事什么行业，都要多吃资源，增加个人价值，提高企业的替代成本。

比如有公派学习的机会，就去努力争取，好好学。

每次吃到的资源，都是在增加你的独特性，把你从一个普通的、随处可寻的零件，变成不那么好找替代品的高价值零件。

虽然还是零件，但中枢轴承的待遇和外围齿轮的待遇终究是不一样的。

资源是有限的，你多吃一口，你的潜在对手就少吃一口。

有时候社会竞争的本质逻辑，就是比拼谁能在短时间吃下更多的资源，然后快速消化，再去抢更多的资源。

这是一个吃得快跑得快的游戏。

6

最后，保持嗅觉，持续学习，因为以上这些其实都不是关键，即使做到最好，也人算不如天算。

很多中年失业的人最终的归宿只有人脉变现，就是去卖保险或者做微商，这没有任何问题，只要是用自己的努力去对抗生活，都值得尊敬。

但毕竟这是一种别无选择的选择，而如果你有存款，在面临危机的时候至少可以有一段时间缓冲。

保持学习和进步的习惯，则可以让你在前路不通的时候有机会找到新的出路。

我的建议是，要知道自己的职业是前期职业，所以要趁年轻的时候多存钱，降低物欲，增加抗风险能力。

然后也不要急着让家人全职在家，不管怎样也要有个双保险在。

这真的不是杞人忧天。

我们不能决定命运要用怎样的姿势对我们下手，但我们至少可以在人生的大后期到来之前，挣扎得不遗余力。

时刻保持警惕，时刻给自己留一条后路，不要把鸡蛋装在一个篮子里。

然后去爱这个世界吧。

为什么现在的年轻人
不愿意讨好领导

很多公司的管理者都在抱怨一个问题，那就是年轻人越来越不愿意讨好管理者了，自己年轻时怎么怎么样。

尤其是越年轻的人越不理会管理者，甚至动不动就反过来撑他们。

甚至还有一些段子出来，说是不要欺负年轻人，因为他们会把你骂一顿之后辞职。

可以欺负有房有车的中年人，因为他们背了贷款不敢反抗。

真是柿子净挑软的捏，缺德装在手推车里，推（忒）缺德了。

建议想不清楚为啥年轻人不服管这个问题的老板，也别当老板了，抓紧回家哭去。

为什么年轻人不愿意讨好管理者？很简单的三个原因，一点都不复杂。

任何人做任何一件事情，都起码要面临三重判断。

这件事情做了是不是有好处？

这件事情不做是不是有坏处？

如果没有前两者，那我喜不喜欢做这件事情？

人性都是趋利避害的，如果不能趋利避害，那起码也要千金难买我乐意。

不然这种操作我们可以统称为脑子有问题。

用高情商的说法，或许是情怀。

一般来说，三者都满足，人会积极性十足，例如我接到了甲方的广告，恰到了饭，就完美满足了三者。

接到了有钱拿，接不到没钱拿，我特别喜爱恰饭，你看这就很完美。

而现实生活没那么好，一般能满足一种，就可以做了，甚至只有一种，咬着牙也做了。

三种都满足，要么是运气好，要么是父母好。

人生就是这样欲求不满的。

这时候反过头来再看讨好管理者这件事情，就会发现讨好不讨好管理者，其实问题不是出在年轻人身上，而是出在管理者自己的身上。

遇事多在自己身上找原因，是一个非常有效的看问题的方法。

想让别人讨好你，你得符合标准。

自己是个残次品还要求别人供着，属于心理有问题。

先看第一条，给好处。

如果你是一个能够给年轻人很多切实好处的管理者，工资开得慷慨，加薪不那么多废话，舍得给核心项目并且不争功，那么自然会有很多人愿意讨好你，因为跟着你有肉吃。

当年大国企时代的管理者们就很吃香，因为在那个年代，讨好主管分配的管理者是有切实好处的。

这都属于可以被讨好，因为真的有好处啊。

但想清楚，大家讨好的是你给的好处，而不是你，不要自我感觉良好。

一切潜规则的前提都是好处，这个好处不一定是特别大，但一定是双方都认可的价值。

你给不了好处，没人会讨好你的。

再看第二条，不讨好管理者会有坏处。

很多管理者管了几个人就把自己当回事儿了，以为自己就可以对付谁对付谁，可以给穿小鞋或者开除，这就太天真了。

这一代年轻人真的不一样。

人家基本都是吃过见过的主，你和人家爸妈比大概率段位还要低得多。

人家就算真要讨好，回家"爸爸、妈妈我爱你"不香吗？

至于把人开除，真的是这年头高工资的工作不好找，但是普普通通的岗位可没这么难，能被你一个最底层小管理者管的岗位能高到哪里去？

要是你这工作真的牛到被开出去就找不到了，那叫有坏处。

要是你这工作真的好到外面没有匹配的工作，那叫有好处。

你看，如果你不被人讨好，显然你是既给不了好处，又给不了坏处。

干吗要讨好你呀？你算老几呀？

再说第三条，喜欢的问题。

确实大部分工作待遇既没有高到让人放下身段，也不至于在市场上找不到替代品，那为什么还有很多管理者受人尊敬，被人讨好呢？

因为人格魅力。

当你是一个处理利益关系不偏不倚，甚至愿意牺牲自己的利益为员工争取福利的管理者——

当你是一个做事都是"跟我一起上"而不是"给我上"的身先士卒的管理者——

当你是一个酷爱给自己手下的年轻人想好出路，尽可能帮助他们在下一份工作中拿到更多钱的管理者——

那人家当然愿意讨好你了。为值得自己尊敬的人做事，并且能有所收获，我们当然是乐意的。

要么钱多，要么事儿少，要么人好，总得有一样吧。

好好想想，自己做到了吗？是不是整天就想着在自己那一亩三分地里耍威风？抠得很还希望别人巴结你？

严肃地说，这可能是一种心理疾病，建议尽早就医。

有时候我觉得很奇怪，这年代大家出来上班都是为了赚钱养家，大家签合同平等互利，我做我的工作拿属于我的一份钱，给钱办事儿清清爽爽的事情，非得整出讨好这种幺蛾子。

大家有合作就合作，合作不了就各自拿各自的指标，达到目标该怎样就怎样，达不到目标也该怎样就怎样。哪来这么多讨好管理者的事儿。

一个合格的管理者，不是应该只监督员工产出是否达成目标吗？其他的事情是不是想太多了？大家签的是劳动合同，又不是卖身契。

弄不好装腔过度碰到心情不好又有点小钱的年轻人直接给你往上面捅，上面老板早就看你不爽顺手就给弄了。

就算没那么惨，当众给你顶几波你也顶不住。

级别越高的人，被顶了之后亏越多，而且后面越不容易找工作。

哪怕是趋利避害，也该想想自己的房贷、车贷吧。

我见过真正优秀的、受员工尊敬的管理者，多数时候其实不是很在意员工讨好与否。

因为不重要。

管理者的核心诉求是带领团队尽可能高效低成本地达成目标。

能把事情按时按量办好，员工该怎样就怎样，崇不崇拜自己无所谓，反正自己的核心利益点是KPI，又不是员工崇拜，这是商业战场，不是选秀舞台。

谁产出多就给谁好好加钱，谁造成损失就处罚谁，赏罚分明，规矩清晰，大家按规矩办事儿，多简单。

员工爱讨好不讨好，下班之后谁认识谁啊。

现在职场的问题是，太多管理者是不合格的。

一方面能力不合格，没有能力去量化员工的产出标准，那就只能看态度了。

一方面意识不合格，把员工讨好当成个人能力的体现，那就只能看谁会拍马屁了。

又或者，自己就是靠拍马屁一路拍上去的，觉得自己上来了没人拍，特别没劲。

如果公司待遇高，员工可能把你当空气。

要是公司待遇低，员工直接把你当个屁。

你自己还委屈巴巴的——怎么没人讨好我呀？是不是这个世界的错？

对，世界的确有错，世界就不该让你坐上这个位置。

最后，我想说，职场有职位高低、权力大小，很正常。

有人能力强，或者底线低，或者运气好，或者手段多，或者长得帅，当上了管理者，也很正常。

这个世界的竞争是全方位的，你赢了就是赢了。

但年轻人就该讨好管理者，这不正常。

过去这种现象普遍吗？

普遍，且一直如此。

但一直如此，就是对的吗？

况且现在的公司给得了过去的好处吗？

人类在发展，时代在进步，物质在丰富，应该向前看，而不是向后捡起那些糟粕。

从这个角度讲，不给钱、屁事儿多、水平差、人还坏的管理者，恐怕要思考的不是年轻人讨不讨好你，而是自己会不会被这个时代给丢下。

这是每个人都该思考的问题。

不一定要年轻人讨好，但要搞清楚自己的价值在哪里。

录音笔精神
是职场最后的尊严

1

这年头世界的变化太快了。

以前我们干活辛苦,受不了福报都可以大声说"大不了不干了""大不了炒老板鱿鱼",实在不行给自己放个长假。

但现在,打开职场软件,都能看到一大堆离职吐槽和各种离职引发的问题——

不经审批同意不得离职,在职期间强制报的培训班,离职必须返培训费;

全行业全部公司被囊括在竞业协议里,离职等于失业;

贷款上班可能以后会成为职场新常态。

以前一个简简单单的离职,现在变得如此复杂,互联网的强大果然名不虚传,已经到了赋能劳动关系的地步。

每个人都想做个体面人,体面地入职,体面地工作,体面地离职,体面地财富自由。

但现实比人强,我们全部的体面都会在入职协议签名的那个瞬间就烟消云散。

跳槽要汇报,离职要批准,工作做不完不能走,连奥利给都要排队,不想排队去离职,抬头一看,离职也要排队。

太魔幻了。

2

造成离职如此困难的原因是多种多样的，主要还是利益太大。这个利益一般来自两点。

一、离职员工利益还没被用完。

你走了你的工作谁来做？项目中断会产生多少损失？我们上哪儿再去找个这么好骗的人过来？招多久才能招到一个接受福报的？新招来的电脑适配工具人要打磨多久才能配合好电脑的工作？

离职交接，都是大问题，有问题，就会有成本。

资本只想多盈利，不想增成本。你在职是成本，你离职也是成本。

二、增加在职员工的离职成本。

所谓有一就有二，一个员工在还没发挥完剩余价值就走，会给公司造成损失，要是其他员工有样学样，都干一半走了，公司就会产生巨额损失。

所以把员工离职流程卡得死死的，无非是杀鸡给猴看，增加在公司的人的离职成本。增加所有潜在离职员工的离职成本，就是在减少老板的用人成本。

总结下来就是一句话：我还用得着你的时候，你不能走；我用不着你的时候，你最好自己主动走。

你是当鸡还是当猴，你自己说了算。老板赢得了利益，员工赢得了当鸡还是当猴的选择权，这是真正的双赢。

至于你说当人，资本都不当人，怎么可能给员工好聚好散的机会。

3

任何事情都有解法，哪怕是排队，厕所没有坑位都可以解在小便池。

要想体面地离职，方法很简单，别把老板当傻子，别让自己当傻子。

自己离职工作做得体面，公司做得不体面的时候还要帮公司做得体面。

自己做得体面很简单，工作做好交接，提前安排好后续，不要带情绪，什么都好说。

关键在于当公司做得不体面的时候你要学会帮公司做得体面。

那怎么帮公司做得体面？

好好看，好好学。

现在人的思想确实不健康，遇事只能想到网上曝光，发集体邮件，去董事长家敲门。

体面人能干这事？

体面人应该是利益最大化的，不说话，不撕×，站着把职离了。

我们体面人，都是用录音笔的。

公司的不体面一般就两种：一种是事前挖坑，秋后算账；另一种是"大变活人"，硬给你变出一堆不存在的规定，生坑硬砌。

应对这些不体面，录音笔特别好用。一支录音笔揣在口袋里，谈判时掏出来，没有人能在录音笔面前跟你装蒜。

"要我垫款？是算你跟我借还是算公司跟我借？先打欠条吧？不打欠条？"

"竞业协议？具体竞业内容以口头约定？我录一下？经理，你咋不说话了？"

"保密协议？要赔八百万？不是，是托尼签的字，关我史塔克什么事？"

"老板没同意是我自己做的决定？你等等，我听听当时咱们是怎么说的。"然后录音笔掏出来，你就可以看 HR 如何现场表演变脸。

一支录音笔能搞定的事何必弄得那么麻烦。

在离职这件事情上，要学会做每件事都要假设最坏的结果，绝不相信任何人的任何一句话，这就是录音笔精神。

任何数据、纸面资料都要做好备份，每个决定都要能追溯到责任人。

这必然会增加你工作的成本，但就是通过这种执行成本的提高，才能帮我们回避所有的"锅"。

就算这个"锅"硬生生盖在了你头上，秋后算账时，你也能掏出你的录音笔把它撑回去。

当老板撕破脸皮，不当人，直接搞你怎么办？

离职申请不审批，加班算自愿，要你给出下家 offer，要你赔钱，要你多做半年，咋办？

说实话，能被这些套路操作唬住的基本都是些太善良的人，在这个世界太善良是要被欺负的。

劳动法看过没？HR 可以不懂劳动法，作为跟 HR 对线的人，你不能不懂。

竞业协议？就你那刷单、骗赞、冲 KPI，那玩意儿连进保密协议的资格都没有。

公司需要保证因为保密协议找不到工作的离职员工的基本生活，也就是公司要花钱养着离职员工。大家开动脑筋想一下，就你们自家那离职成本都想控制的福报公司给得起这个钱？

离职要给下家 offer？劳动法里的离职相关条款你给我念念，找得到这条，你就是我老公，别说是我老公，你就是我的专属胖虎都行。

离职协议不审批？不好意思，写个离职协议，签个名发过去，30 天自动生效，不管什么事，自动离职。

跟公司扯皮太麻烦？产业化时代，连劳动仲裁代理都已经流水线化了，大把代理律师等着"恰"你这碗饭。

只要你有录音笔，这些都很简单。

所有跟公司对线的操作都可以化成一句话：遇事不决，人力资源管理学。

你知道国内几个靠压榨销售发家的所谓金融、保险巨头每年在劳动仲裁上要被起诉多少回，赔多少钱吗？

我甚至曾经有幸在他们年会上见过，某个分公司老总信誓旦旦说要推广007福报后，台下的大老总算了下账发现不够赔，赶紧摆摆手让台上喷得正嗨的小老总下来，省得被底下的福报工具人发到网上，又被动成为一个公关案例。

你觉得公司真的不懂劳动法吗？

不，其实公司懂，一说到离职遣散、薅员工羊毛，公司比谁都懂，所以公司对你不体面实际上是因为不体面带来的利益大于体面所带来的利益。

懂而不用的根本原因，是公司觉得你不配。

所以，当你能给公司造成更大的损失，当你配了，公司才会跟你讲道理，才会不得不对你体面起来。

有价值的人，才有体面的资格。

不管是创造正向价值，还是造成损失，这就是录音笔的价值。

所有因为劳资关系引发的问题，本质都是因为资本不当人。

但说实话，哪个正经体面人会想天天跟资本正面"硬刚"、斗智斗勇呢？

你想吗？反正我不想。

只不过因为资本从来不白给，我们才不得不跟资本缠缠绵绵。

体面地离职，说是为了让自己降低损失，但本质还是跟资本的对抗。

我们和资本的交易，是用时间换金钱。

资本的逻辑是利用我们更多的时间，我们大多数人的逻辑是努力提升自己的单位时间价值。

这是很多人都会选择的一种方式，能值更多的钱当然更好，但还有一种方式，就是在价值不变的情况下，卖更多的钱。

比如用更少的时间换同样的钱，变相地提升自己的单位时间价值。

这种方法我称为对资本的反向利用。

总之，公司和员工的屁股是不一致的。

为什么你不能用录音让公司付出代价呢？你要掌握主动权啊，别人不会心疼你的。

你想想看，当你面对公司不讲武德的操作，老板或者HR对你施加压力时，你有一支录音笔，并且在谈话结束回家的时候，告诉他们这件事儿，效果是不是非常爆炸？

很多朋友担心：这个录音是不是不合法的啊？是不是不能用啊？

这里我作为录音研究专家，要告诉你们一些事实：

第一，谁告诉你要24小时录音了，录音是在你觉得有问题或者你觉得受到威胁的时候用的。

第二，你和对方谈话的录音是不违法的，不需要提前告知对方也是能用的，不能用的录音是指你在老板办公室装个窃听器的那种。

你自己参与其中，作为谈话其中一方的录音，不违法，可以用。再次强调，不能是偷录别人的对话，你自己和别人对话，是OK的，可以不告知，不违法，可以用。

另外，即使录音本身有瑕疵，如果能确认录音真实性，其实在公检法里也是可以起到作用的，顶多是瑕疵证据。

不信你随便找身边做律师的问一句就好了，人家自己随身带录音笔，都很懂。

第三，录音的作用不完全是上法庭，更多的是通过威慑来把问题从一开始就解决。

当别人试图搞你或者威胁你的时候，你只要告诉对方你录音了，并且留存证据，很多时候其实对方也不敢乱来了，问题就解决了，尤其是上司或者HR不当人的时候，百试百灵。

注意，这里建议先让对方说完，把他们的话都录下来保存好，再告诉对方，别张口就是"我要录音了"，对方又不傻。

也不只是职场啊，涉及借钱这种利益问题，也可以录音。

第四，就算以上都不管用，你只要有录音，现在互联网这么发达，完全可以利用网络保护自己。

你怕什么？光脚的不怕穿鞋的。

现实中有各种丑恶和无奈，我们不能害人，但一定要先保护好自己。

但凡涉及重大事项的时候，录音是普通人为数不多能保护自己的做法。

世界会变好，很多事情也会变好，但这需要时间。而我们是活在当下的，所以简单快捷地保护自己比一切都重要。

> 保证自己不犯错、不踩坑,你就赢过了 90% 的人。

第三章

只要不犯错，
躺着都能赢

投资理财防坑指南

不管是知乎，还是公众号，还是 B 站，大家问我最多的问题都是关于投资理财的。可以理解大家对于自己钱包的关爱之意，毕竟钱可以解决这个世界上的大部分问题，当你觉得钱解决不了的时候，可能只是钱不够而已。

确实有小部分问题是多少钱都解决不了的，但这些问题往往你用别的方法更解决不了，除非动用量子力学。遇事不决，我们都知道还是得靠量子力学。

所以今天，我打算给大家科普一些投资理财的基础常识和防坑原理，帮助大家看好自己手里的钱，别让它们走丢了，而是安稳地留在家里。

很多话可能你听着觉得是废话，很正常，很多真理被传多了都会让人失去敬畏心，但这丝毫不影响它们的价值，等你被社会毒打后就知道了。

至于我讲的东西你信或者不信，都可以，反正我也不收你钱，挨打的也不是我。

早在 2018 年 1 月，我就在知乎做了一次免费的 live（直播）分享，关于理财防坑的，大概有 10 万人参加。

我要真想割点"韭菜"，早就可以动手了。

虽然教人发财我唯唯诺诺，但是教人防坑我可以重拳出击。

希望大家认真做笔记，研究透了这些东西你不仅可以在朋友圈炫耀，甚至还能自己开知识付费割"韭菜"。

先说一个大前提，防坑这件事情，重点永远是在事前，而不是事后。

很多坑如果事前不防御，事后就是没有道理可讲的。

真正的专业人士都是事前防范风险，而不是事情发生后怎么补救，所以一定要保持警惕。

我们开始。

第一，投资理财的元规则是用自己用不到的钱来投资。

这条规则，是所有投资理财行为的底线，守住这条底线，在某种程度上你永远不会输。而击穿这条底线的话，没人能救你。

这句话的意思差不多等同于让你别作死。

投资，把过日子的钱都丢进去，纯属闲着没事干，结果会相当刺激。

如果你想做投资，尤其是不能完全保证本金安全的投资，或许你懂你投资的领域，或许你不懂，但务必使用自己用不到的钱。

务必使用自己用不到的钱。

务必使用自己用不到的钱。

重要的事情说三遍。

什么叫用不到的钱？就是亏了只是心疼疼，但不会对你的生活产生实质影响的钱。

假如有笔钱要拿来买房、结婚、当小孩学费，有明确用途，不能承担任何损失，那你就老老实实放在银行，顶多投个余额宝之类的产品，千万别想不开去某些神奇的理财产品里滚一圈。这是元规则。

一旦你触犯了元规则，你很难保持心态，因为你输不起。

当你输不起的时候，你的心态就完了，操作就会变形，尤其是炒股。

拿着命根子钱去炒股，操作的时候肯定腿软。

很多人问我说他有笔钱准备未来做一些事情，但是现在暂时闲置，可不可以投×××。我都是回复：别投，把钱留好。

为什么？因为风险收益不对等。

获得的收益并不能帮你得到实质的提升，但是一旦出现风险，你就真的完犊子了。很多人把买房钱、结婚钱拿去买 P2P，这就属于给自己人生加难度了。

这种事情不要做。

可能有朋友说自己很缺钱，手上没有用不到的钱，每一分钱都是"爸爸"。

那你当前要解决的问题是去打工赚钱，而不是想着怎么去研究投资理财，有限的时间、精力要用在刀刃上，不要浪费时间去学理财了。

毕竟只要你足够穷，没有骗局可以骗你。

第二，投资理财的核心三原则，是安全性、流动性、盈利性。

这三者的重要性降序排列。

最重要的是安全性，安全性代表了你东山再起的可能性。

只要资金安全，只要本金还有，一切都还有机会。

安全性结合上面的只拿用不到的钱投资，这就是最简单但可靠的风险兜底策略，坚持这个策略，你起码不会赔光。

在实际操作中，我给你举个资金安全的红线案例。

币圈包括各类衍生的区块链投资产品，都是不建议普通人碰的，因为你的真金白银换成了其他个人或者非主权国家发行的虚拟货币，并且整个交易都是匿名的，你的资金安全得不到任何保障。

再举个例子，投资项目，结果钱是打给对方个人账户，这也不能保证资金安全。

把命交到别人手里，很愚蠢。

第二重要的是流动性。什么叫流动性？就是资产变现的能力。

几百万的房产在你最需要钱的时候并不能救你，但 100 万元现金可以，所以要注意投资的可变现能力，动不动就锁定好几年的产品，需要慎重考虑。

流动性有多重要这一点，对实业有了解的朋友应该深有感触，很多资产数亿的企业家，你让他直接拿出500万元现金可能要了他的命，不是他没钱，而是这钱都是资产，变现需要时间。

现金流才是企业的生命，而盈利往往只是脂肪，多点少点哪怕赔点都无关痛痒，但是现金流不能断。

对于个人而言，也是如此。

很多人说自己是什么百万富翁、千万富翁，那都是把房子给算进去了，实际上抗风险能力极差，因为房子本身不能快速折现，而且很多还要还贷，每月吞噬现金，严格来说这都可以算是负债，哪天遇到点风险直接就得上天。

三要素中最不重要的是盈利性，因为只是赚多赚少的区别，只要资金安全，只要资金灵活，那么赚多赚少不影响大局。

这三条原则非常容易理解，容易到过于简单，但有用的东西从来都不复杂。

在现实生活中，很多人对于三原则的重要性会看颠倒，眼中只有收益性，而不看流动性和安全性，这也是为什么很多明显的骗局还能骗到人。

因为收益高，高到击破价值观，高到激发人心的贪婪，忽略一切。

控制贪婪，是我们人生中的重要一课，不局限于投资。

第三，投资要风险分摊，不要纠结于单一标的。

有一句话很多人都听滥了，叫不要把鸡蛋放在同一个篮子里，容易鸡飞蛋打，最后自己成了篮子。

这句话说得很好，把资金分散到不同的投资标的，是控制风险的有效手段。

但问题是，很多人对风险分散的认知有问题。

什么叫风险分散？

你一部分钱放在股市，一部分钱放在银行理财，一部分钱放在银行存款，一部分钱放在基金，这种才叫风险分散。

你一部分钱放在积木盒子，一部分钱放在团贷网，一部分钱放在E租宝，都是放在P2P领域的不同公司，这不叫风险分散，朋友，这叫行为艺术。

要么说艺术家都比较穷呢，天天这么搞能不穷吗？

第四，不要去投自己看不懂的东西。

这是非常重要的一点，很多人其实都搞不清楚自己投的是什么，从头到尾只知道一个什么实力雄厚、收益率高、高新技术、未来大趋势之类的，结果一问技术细节就是满脑袋问号。

如果你不知道自己投的是什么，是什么原理，那么对方坑你的时候，你也不知道人家是怎么坑你的，你就是一个赤条条的小崽子面对对方的火箭炮轰击。

那么什么叫懂了？

是你明确知道产品的原理，知道它是怎么赚钱的，知道它是怎么赔钱的，然后自己判断这个事情是否划算。

例如那个原油宝，有几个人知道原油期货的交易机制和价格波动？有几个人理解平仓线和保证金机制？这种东西根本就不要买，因为你不懂，哪天你炸了你都不知道怎么炸的。

再举个例子，有几个人真的懂区块链和虚拟货币的技术原理？

当初我二婶买虚拟货币，赔得裤子都没了，她在饭桌上放话要让中本聪走不出山东。她还以为是大葱的葱，你们感受下。

虽然她是我血浓于水的亲戚，但我当时笑得差点被饭噎死。

还有一些人在自己的领域有一些成就，于是就自以为在别的领域也很牛，这更愚蠢。

一个领域的专家在不擅长的领域就是小学生，完全有可能被别人吊起来打，捆起来割。

爱因斯坦牛吗？物理学巨子。

你让他和刘翔比个跨栏试试？给他腰都跨出相对论来。

巴尔扎克牛吗？文学巨匠。

做生意干一行赔一行。

巴菲特牛吗？投资之神。

你让他和孙宇晨老师比个"量子物理"试试？

所以你还是老老实实只做自己看得懂的事情吧。

第五，投资就投资，不要去加杠杆。

什么叫加杠杆投资？

透支信用卡来炒股，股票搞配资，期货玩保证金，抵押房车换钱炒股。

一分钱非得办十分事，这就叫加杠杆。

杠杆投资对于普通投资者而言，是噩梦一样的存在。

很多人不理解，我用1万元，加10倍杠杆，10万元，一次能挣的钱是1万元的10倍，杠杆不好吗？

不好，你在能挣10倍钱的同时，也面临着只能承担过去十分之一的风险，稍有不慎，就是爆仓。

不配资，你能承受100%的价格波动，10倍配资，10%的波动你就赔完了。

100倍配资，1%的价格波动你就完了，一点容错率都没了。

这导致的后果就是，经受不住任何意外，一点点事情你就得上天。

无数猛人前半生都是各种辉煌，最后都是死在杠杆下的。

赢了一辈子，就输了一次，就完蛋了。

杠杆了就代表你不能输，但是投资场上哪有不会输的人呢？否则那就不叫投资，叫抢钱。

别总是拿某个人的成功案例来说事儿，这是幸存者偏差。你要知道，每一个成功案例背后，都有无数的失败案例，不要总被小概率事件晃瞎了眼。

第六，不要盲目相信高回报率的东西，要想想对方怎么赚钱，多想想自己凭什么拿这么高的收益。

这一条非常简单直接，当你看到明显不正常的高收益时，你要警惕。

收益和风险是对等的，高收益背后必然是高风险。

如果存在高收益且低风险的项目，那一定轮不到你这个普通人，早就被大佬们瓜分完了。

但凡有特别牛且神秘的投资渠道，十个里面十一个是骗子。

真有这么高的收益，谁会对外分享？

当年P2P特别流行的时候，我一再强调这些动辄给你15%以上收益的公司，考虑到再加上它们的各种成本，资金成本动辄20%以上，放贷起码得放30%以上才能赚，这年头哪个正经公司借这种钱？

好的公司都是银行求着去送钱的，那些借高利贷的都是什么歪瓜裂枣？甚至这些歪瓜裂枣是真的假的你都不知道。

而且实业挑战这么大，就看看那些上市公司，净利润都不够还利息的，那些优秀的企业家尚且做不到高收益，一帮普通人动辄拿这么高收益，手不抖吗？

多想想自己凭什么拿这么多，有助于控制风险。

当然有的人确实知道这个是有问题的，我见识过很多P2P受害者一开始就很清楚这个盘子不长久。

但他们想的是只要自己跑得快，跑路公司就追不上自己。这不是投资的逻辑，是玩跑步游戏的逻辑。

第七，不要轻易去学专业人士的操作。

很多人动不动就喜欢跟着专业人士学操作，这其实搞错了。

高手和普通人的资本、心态、知识储备、操作技术、对于损失的态度都不同。

你赔钱了，哭到坟头蹦迪；高手赔钱了，可能只会笑一笑没什么大不了。人家那套玩法是不适合普通人的，不然凭什么叫高手？

普通人，老老实实地买点低风险的东西，例如指数基金之类的，就可以了。

别整天想着各种骚操作，骚到最后老本都保不住。

对了，说到指数基金，搞个定投，然后忘了自己投过，就好了。

三年后再看就行。

不然天天盯着你心态也受不了。

第八，没有人是靠理财致富的，普通人想要生活过得好，还是要看努力和攒钱。

很遗憾地告诉各位，想着靠理财致富是几乎不可能的一件事情。

理财要是能让一个普通人致富，那么这个世界上早就没有穷人了。

与其沉迷于研究投资理财，还不如把时间、精力投入到自己的专业领域上，你能从升职加薪里收获的回报是远远高于你纠结那多一个点少一个点的收益的。

我身边见到的有钱人，没有一个是通过理财理出来的，都是有自己的事业或者赶上了机遇，哪怕是"割韭菜"，也不是靠理财。

很多人与其学理财，还不如多了解下资金流管理。

对普通人而言，与其冒险追逐那多几个点的收益，还不如控制支出，少花那些不该花的钱，能坐公共交通就少打车，能多喝开水就少喝奶茶，能自己做饭就别天天饭店，别天天看到什么消费品就想着买买买。多攒钱，这才是最稳妥的增值艺术。

很多年轻人自己把钱花得七七八八，还在学习理财，这很荒谬。先学习攒钱吧，连财都没有还理什么财。

攒钱这个操作唯一的缺点就是慢，可能你要持续十年乃至十五年才能看到改变，但这是最稳、最靠谱的。

一旦你想立刻就要，那你的心态就已经失衡了，后面等着你的就是各路骗局。

很多骗局本身就很弱智，但当你贪心的时候，你还不如弱智。

连我都告诉你攒钱是最重要和最有效的，你就感受一下吧。

第九，不犯错比激进更重要，熬死对手也是一种优秀的策略。

很多人对于理财的认知是赚大钱。错了，那是赌博。

理财的意义之一，是为了制止盲目亏损，而非一夜暴富。

只要不被"割韭菜"，就是变相的赚钱。

有些人看到身边很多人参与一些很迷惑的项目，一开始自己是不信的，后面越来越动摇，然后就试探性地去了，然后就"真香"。

最后少部分运气好的全身而退，大部分运气不好的变成了秃鸭。

对于普通人而言，理财最重要的是不犯错，而不是博取高收益。

只要自己不犯错，看着身边人造作，然后一个个倒霉就很快乐了。

实际上，很少有人是靠着吃喝玩乐把自己弄崩塌的，大部分都是瞎投资给自己搞出问题的。

和投资一比，吃喝玩乐只是小钱，我老婆就经常劝我不要努力了，安心做一个恰饭的自媒体人就挺好。

什么人才适合激进的投机？

一种是没钱也没积累的人，就等着这一下逆天改命。

一种是特别有钱的人，有的是试错成本，所以可以尝试不同的方向和模式。

所以建议大家收起躁动的心，做个人吧。

第十，如果要犯错，那就趁着年轻犯错。

当然，我知道有的人就是收不起，就是不听劝，很多年轻的朋友内心是有一把火的，很多事情你不让他们干他们是真的憋不住的。

所以我只能建议，你玩高风险也好，投机也好，趁着年轻去做吧，这样你后面还有翻盘的机会。

而且在某种程度上，年轻时被人扒了大裤衩，被社会毒打，等以后有钱了，就知道珍惜钱了，长期来看反而还是可以守住钱的。

年轻苦不算苦，老来苦才真叫苦。

说到最后，我总结下：投资这件事情，真的没什么大秘密，无非就是克制贪欲，控制风险，分散投资标的，然后慢慢试错，找到让自己舒适的平衡点就可以了。

就这么简单的事情，被很多人吹得神乎其神，还有一堆人天天追捧，挺傻的。

不过我倒也理解，毕竟"割韭菜"的第一步，就是把简单的东西复杂化，清晰的东西模糊化，普通的东西高端化，质朴的道理神秘化。

挺虚伪的，但也确实迎合了很多人没有耐心、不愿意慢慢变富的心态。

只可惜很多事情，快不代表好。

好好工作，老老实实攒钱，把一切交给时间，这比什么都靠谱。

希望大家都能找到自己的靠谱人生。

或许你看到这里觉得也没啥特别难的呀？

难在听劝。

为什么我从来不教人赚钱

很多朋友都在疑惑一个问题，为什么我总是告诉大家哪个行业存在坑，哪个领域尽量小心，而不告诉大家到底哪个行业好，哪个领域可以赚钱呢。

还有人表示我心里阴暗，看什么都觉得是坑，不够大气，没有格局。

你看看人家别的导师出手就是带你全家发财。

我觉得挺有道理的，建议这些朋友抓紧掏出钱，大气地去投入到各个神奇的项目中，早日发财。

不要在我这里耽误时间了，时间很宝贵，时间不等人，你抓紧赚钱去吧。

关于为什么不教人赚钱这件事，话确实很难听，但保证不骗你。

绝大多数普通人，就是没有机会赚大钱的，别瞎想了，先把自己当下的日子过好就不错了。

这不是嘲讽，我是很认真地叙述一个事实。

如果一个平平无奇的普通人有机会突然暴富的话，那么这个世界上哪里会有这么多穷人？

赚钱的行业，一般有如下几种情况。

第一种，门槛极高，特别吃资源：有资源，就有钱；没有资源，就没钱。

所谓的资源，可以是资金资源，可以是关系资源。

例如有些项目公开招标，门槛就是 10 个亿资金投入，大概每年能有 15% ~ 30% 的回报。这个门槛，就是 10 个亿。

例如房产和车位，拿出几百万来玩儿，你有这个钱吗？

再例如有些项目不需要投资很多，接到就是赚钱，但是别人凭什么给你一个素不相识的普通人？为什么不给自己人？

为什么肥水要流外人田？

内部交易或者利益置换不香吗？

很多人还在钻研靠啥能赚钱，能不能先掂量下自己的本金在哪里？

这个世界上发财的人不多，凭啥是你呢？

第二种，行业存在先发优势。

例如早期的二房东行业、奶茶行业、快递行业、网店，等等等等，这是行业先发优势，有时代的红利在里面。

这些机会出现的第一时间，就有大量激进的冒险者加入开始厮杀了。在这个阶段，他们都是不会太声张的，闷声发大财。

等他们把市场的红利吃得七七八八了，就开始联手搞加盟了，就开始给普通人灌输这个东西怎么赚钱，然后很多普通人就进来投钱了。

最后先富暴打后富，这简直如同传销。

不过也别羡慕人家，人家是冒着风险的，实际上大部分先行者最后都炸了。

所以活下来的才特别耀眼。

这叫作幸存者偏差。

第三种，存在信息不对称。

各种资金盘也好，币圈也好，投资标的也好，本质上玩的就是一个信息不对称的生意，依靠信息差来收割想不清楚的普通人。

当然，现在普通人都想清楚了，他们觉得自己是先来的，可以配合庄家收割后来的。

最后大家一起玩贪婪恐惧大冒险，比谁能在崩盘前提前撤退，比谁跑得快。

很多普通人往往乐此不疲，觉得自己找到了机会，但最后发现，这条跑道上都是洛阳铲的痕迹。

从头到尾只有自己笑着流泪。

哦，对了，现在还多出了第四种，那就是各种玄学教人发财的东西，利用人们对于成功和发财的渴望来发财。

动脑子想一想，如果一个行业或者一个方法能够轻松地赚到钱，而且稳赚不赔，你相信有人会好心出来分享给你吗？他是脑子"瓦特"了吗？

除非，他就是靠教你赚钱来从你手里赚钱的，各种成功学大师和鸡汤网红特别喜欢玩这一套。

最近股市风云变幻，各种野生股神又跑出来跳大神了。不过经过多年的打脸，他们都聪明了，说自己教人投资理念，教人做价值投资，教人拓宽认知，还言之凿凿一个人不能赚到超出自己认知的钱。

这都是正确的废话，听起来很有道理，但没用。

绝大多数拿出来卖的这种知识，都一文不值。

面对这些大师，建议大家不要听他们废话，打开闲鱼或者拼多多，善用搜索，可以帮你有效防范各类神奇的知识付费。

为啥？因为你几块钱就能买到一堆合集，然后一对比，发现讲的都是一套东西。

当然，现在还有一堆大师鼓吹价值投资，有很多人迷信这东西。

说价值投资，那就得提巴菲特，我们就不提巴菲特的起点就是普通人几辈子都无法到达的终点这种让人伤心的事情了。

单说人家能天天喝樱桃味儿的可乐，你能吗？

你先去超市买一罐尝尝那个味道，喝了你就知道你不配。

既然提巴菲特，那就不得不提他的老师，价值投资大师格雷厄姆老师了。

提到格雷厄姆，那就得提格雷厄姆老师年轻的时候独步美利坚，是投资之神，一套价值投资理念无可匹敌。

后来在1929年，美国金融危机的时候赔得裤子都没了，然后彻底放弃炒股，专心学术，终于成为一代价值投资大师。

你们读一读这个人物经历，是不是觉得价值投资这套玩意儿其实和骗术差不多？

没错，就是差不多。

顺道再说一句，历史上最大的庞氏骗局案的主犯麦道夫，另一个身份是纳斯达克缔造者之一，被称为纳斯达克之父。

所以，你们懂了吗？

所以，为什么我不教人赚钱？

因为真的是教不了。

我教你理念？理念有什么用，理念和实操隔着十万八千里，赵括和马谡的故事你听过没有？

且不说那些大师有没有能力，就是真的有能力，而且肯教你，也没用。

因为他的价值，本身就无可复制。

如果可以复制，那他的价值何在？

每个真正厉害的投资者，都是被市场暴打出来的，不是被人教出来的。

所以，为什么我整天苦口婆心地告诉你别乱花钱，别乱投看不懂的东西，别去想不开踩坑，而不是告诉你干什么能赚钱？

三个原因。

第一个，成功具有偶然性，具有不可复制性，但是失败是确定性的。

所以，我告诉你做什么你大概率会失败，帮你脱坑，在某种意义上，就是在帮你。

第二个，改变命运需要十年、二十年乃至一辈子，只要坚持攒钱，余额一点一点增长，最后到老都不会很差。

很多人太急躁了，太想着一夜暴富了，这本来就是不现实的事情。

你一个普通人，和别人比起来没有任何长处或者特殊的地方，凭什么是你暴富？

我教你不现实的事情，那不是骗你钱吗？

第三个，我自己是做风险管理的，我可以很明确、很明确地告诉你，很多时候你只要保证自己不犯错、不踩坑，你就已经赢了一大半。

因为在这个世界上永远不缺被忽悠瘸了的傻子，自以为学了一肚子理念就能无往不利，然后被世界各种暴打。

近两年你只要不碰股票，你就已经战胜了80%的人。

动动脑子，什么叫作成功？

成功是和周围人比较才产生的。

你比别人好，可以叫作成功。

你什么都不做，别人一顿操作把自己玩死了，你也可以叫作成功。

躺赢，有时候并不是一句玩笑话。

当然，我讲的都是我自己的想法，也不一定对。

一边是告诉你不要踩坑，稳扎稳打，一步一步积累，等待身边人犯错，实在想不开可以去闲鱼低成本感受知识付费的人。

他甚至自己身体力行地搞知识付费，你看公众号学知识，我付费请你摸鱼。

一边是恨不得教你马上成功白日飞升最好现在就转账付费的。

你说你该相信谁?

如果你不知道该相信谁,那么你该相信梦。

因为梦里,什么都有。

基金不是财富密码

近两年，由于收益特别给劲，基金一下子破圈成了全民话题，就连我日常经常监控防止他们做坏事的那几十个群里都开始聊基金了。

看着他们天天研究基金，几个亿的生意给他们升级成几百个亿。

我理解大家的基金狂热，毕竟谁都想多赚点钱。

期望和现实的落差，会衍生出焦虑。

随着这种社会群体焦虑和社交压力的逼迫，大量的年轻人不得不超前做出选择，不得不疯狂地想办法赚钱，提升自我，寻找这种焦虑下的解决方案。

在经历"先花钱才能赚钱"的消费贷，"职场小白月入五万不是梦"的智商付费之后，年轻人理性了很多。

我觉得买基金算是好事儿，年轻人愿意老老实实买基金而不是再去相信那些见鬼的财富自由和成功学课程，已经算是务实了。

买什么基金，怎么买基金，已经被人说烂了，我想说点与风险有关的东西，权当做个提醒，也不一定对，欢迎大家讨论，或者当相声听就好。

第一，谁告诉你基金的风险一定比股票低了？

基金的类型很多，货币型、股票型、债券型、收入型、主动型、平衡型，等等等等，不同的基金类型对应的是不同的风险和收益，目前各类网红基金，看其仓位，绝大部分是主动型和股票型，包括指数基金，讲白了你的钱最终也还是进了股市。

买股票有什么风险，买这种基金面临的风险是一样的，无非是这些基金经理经验比较丰富，手中的资金比较多。

这是优势，但有时候也是劣势。基金不是盘子越大越好的，盘子越大的基金，实际上面临的压力也越大，因为优秀的标的并不足够多。

另外，看当前的那些热门基金以及它们重仓的股票，基本属于大资金抱团的情况，类似的情况其实挺常见的，都不用说得特别远。

2007年银行和地产还是香饽饽；2009年有色金属化身高达直冲宇宙；2012年和今天一样，医药类、白酒类、消费类疯涨，当时有个很知名的股神叫林园，提出了喝酒吃药概念，表示片仔癀和茅台再涨三十年。

当然我这里还是要强调下，喝酒吃药是指买产品，大家喝酒的时候不要吃药。

2015年大家抱团搞科技类股票，最终的结果就是一大批昨天的头牌基金经理被基民的机枪处理。

大家思考一个问题，这么多基金抱团把股价弄起来的时候，必然要面临的就是怎么共富贵的问题，或者说怎么分蛋糕，总有赚得多的想要拼命出货，然后就踩踏。

而且谁也不知道"央妈"会释放流动性还是收回流动性。"央妈"只要一放水，基金就起飞；"央妈"只要一收回，基金就下坠。

所以朋友们，基金的风险并不是绝对比股票低的，你得看基金类型。

收益越高，对应的风险就越高。

而且现在这个状况，属于大家都知道抱团要炸，但是都不知道啥时候要炸，这就提醒大家别盲目All in（全力押注）了。

第二，基金的收益你得弄清楚。

很多人对于自己买基金真的能赚多少钱其实是没有概念的，这里给大家简单讲一下。

就拿定投来说，定投当然分散了风险，但同时定投也分散了收益。

这个世界是公平的，你获得什么，就会失去什么。

就像你获得了钱，自然就会失去烦恼。

假如你买了10万元某基金，这个基金一年涨了80%，那么你不一定最终收获18万元。

你得在今年第一个交易日买进去10万元，注意，是一笔买进去10万元，然后放一整年不动弹，这10万元才会变成18万元。

如果你是定投的，假如是按月定投，一个月几千块投进去，那么你的最终收益不一定能有这么高，甚至可能少到你怀疑人生。

为什么？

因为基金每个交易日都有涨有跌，而每天的涨跌基数是前一个交易日的最终净值。

我给大家简单算一个小学二年级的数学题，数字我是随便列的，主要方便大家理解。

假如你买了10万元A基金，今天涨了50%，那就是10万×1.5元，到了15万元，明天跌了40%，就是15万元×0.6=9万元。

两天下来，明明第一天涨50%，第二天只跌40%，最终的结果反而是本金少了1万元。

同理，你买了15万元基金，今天跌了40%，那就是15万×0.6=9万元，明天涨了50%，就是9万元×1.5=13.5万元。

因为基数不同，会导致涨跌幅带来的结果不同。

所以，在定投的情况下，由于你会分在不同的节点购买，所以有可能你刚好这个月或者这个星期投的时候在高点，也有可能你投的时候在低点，使得最终收益和基金的收益大概率是不一样的。

从这个角度来讲，如果有个基金近期涨得特别猛，你跟着冲进去，风险是特别大的，当然搞赢了收益也不小。

你愿意把这东西当赌场，那我没话讲。

我反正是和赌、毒不共戴天。

我想告诉你的是，你要小心很多无良的渠道，为了卖基金赚佣金，瞎给你推很多短期涨得猛的基金，只看近 3 个月、近 1 年的涨跌幅数字特别漂亮，结果你买进去后亏得你发慌，原理我上面有讲。

这就是很多基金看起来涨得厉害，但是买的人没咋吃到肉的原因。

第三，明星基金经理确实优秀，但千万不要迷信。

现在大家追捧的这些基金经理，严格来说只能算是新一代的明星基金经理。

大家需要思考一个问题：过去那些特别牛的基金经理，都哪里去了？

朱老师牛不牛？从数据上，十多年来穿越牛熊稳到不行，放眼近二十年，经验最丰富、战绩最霸道的基金经理他说第二，有人能说第一吗？

还真有，和他差不多时间以及复合收益的，还有曹老师。

曹老师的名头其实要比朱老师更大，叫作价值一哥，专做价值投资，是不是听起来买了就稳得不行了？

但是近三年，曹老师的表现都比较拉胯。

2020 年，曹老师手下的一只基金，因为业绩不行，遭遇了投资者踩踏式跑路，仅第四季度，就从 75.32 亿份锐减到 4.33 亿份。你没看错，就是这么惨，净赎回率超过 90%。

但是从数据的角度来看，曹老师还是优秀得无可挑剔，数据不会说谎，但数据和现实会有不一样。

然后再说无数 ikun 的梦中情人张老师。

张老师穿越了牛市、熊市，数据极为亮眼，是公募第一位管理主动权益类基金规模超千亿的男人，当代公募一哥。

注意，是当代公募一哥，至于是几代目我就算不清楚了，因为有这个名头的人比较多，就和四大天王有五人一样。

张老师当然猛，但当年还有一个比他更亮眼的人，那是无可争议的公募一哥——华夏基金的王老师。

当年王老师不论收益率、时间长度，还是稳定性，和张老师比起来，丝毫不差，论及影响力要比张老师高不止一个级别。

强到什么地步？当年的股市有一类股票叫作王老师概念股，你可以理解为，只要王老师买入，大家就觉得一定会涨，就跟着冲。

坦率地说，中国历史上能达到这个影响力，并且还没进监狱的基金经理，有且只有王老师。

比他更强的徐老师已经进去出来一轮了。

那这么牛的王老师，后来怎么样了呢？

后来去做了私募基金，第一只基金认购门槛直接从2000万元起，管理费率2.5%，这两个数字刷新了行业纪录。

但后面的成绩泯然众人矣，以他的地位而言，这算是血崩。

说完王老师，再说一直和他竞争激烈的刘老师。

刘老师，广发之王，2019年直接包揽年度主动权益类基金前三名。

巧了，当年也有一个猛男和他一样猛，那人是中邮基金的任老师，2013年到2015年在市场上大杀特杀，王老师离开华夏基金后，他就是公募新一哥。

然后在2015年到2017年，他的另一个称号叫作踩雷王，连续多个重仓股票退市，基金净值巨额下跌，一年30%、40%的那种跌，跌到基民哭娘喊爹。

最后亏到离任。

说到亏到离任，还得再说一个人。

现在某机构的张老师和萧老师被称为"双子星"，但在他俩刚出道的时候，这个机构的一哥是宋老师，当初也是冠军基金经理，后来发新基金，都是50%、50%地亏，亏到离任。

我说这么多，是为了告诉大家，明星基金经理不是不能追，而是不要迷信，因为有太多昨日凤凰今日野鸡的案例。

金融行业里的"过去表现不代表未来"这句话，不是废话，而是血的教训。

当然，蔡老师算是个例外，毕竟他已经活成段子了，我甚至怀疑买他代理的基金的人都不是为了赚钱，而是为了快乐。

毕竟他的各种骚操作是可以载入基金史册的。

他确实是最锐利的矛，但他没说捅谁，也没说捅哪儿。

第四，你要知道基金公司的利益在哪里，警惕一些莫名其妙的宣传，不要迷信大 V。

很多人以为基金公司赚钱是靠着帮大家赚钱而实现的。

其实并不是，基金公司靠管理费赚钱，规模越大，管理费收得越多。

别管你最终赚不赚，你买进来的时候，基金公司都赚了。

所以可以简单理解为，基金公司靠管理规模赚钱。

如何实现管理规模呢？

正常的思路是：我帮已有的客户赚钱，有口皆碑，一传十十传百，大家就都愿意买我代理的基金。过去大部分基金就是这样的。

现在最流行的思路是，营销出一堆明星基金经理，靠着他们的号召力，来发新基金，然后让大家往里冲。

坦率地说，蔡老师就是洞悉了这一操作，所以直接 All in 半导体，赌赢了他吃肉，赌输了大家赔裤子，一天输一天赢，大家就会把他记住。

从现在来看，他已经赢了，他已经是超级网红了。

但是一将功成万骨枯，朋友们，你们记住这一点，不要做那个骨头。

好了，我们知道要么靠炒作基金经理，要么切实帮广大用户赚钱。

但是拉数据来看，多年一直牛的基金经理就那么十来个，明星基金就那么些。

市场上数千的基金经理，他们也得吃饭呀，那怎么拉客呢？

这时候，大V们的饭就来了。

从2020年下半年开始，我就一直接到大量的需求，大概就是某某基金公司要发新产品了，产品没啥明星加持，卖点也就那样，但是希望让大家多多来买。

如果直接做广告肯定是要挨骂的，弄不好还得倒霉，但是我可以出个原创内容，说自己买了某某产品，再晒晒持仓，就可以给我钱了。当然，这个钱不是按照CPS（按销售付费）来算，而是就按标准品宣算，只要能打出产品名气就好。

我都不需要去直接推荐，只要提到自己买了×××就可以了，就可以赚广告费了。

而且安全，因为你实在没有证据说我给×××基金打广告了。写个文章、发个视频做自己的持仓分享，里面提到自己持仓了ABCDEFG，这又不犯法对吧？而且你怎么知道我收钱了呢？

B站或者公众号发个分享的内容，里面带一带，然后用银行账号来收款，讲究点用家人、朋友的银行账号收，神仙来了也没实锤。

而且再考虑到明星基金经理也是从籍籍无名开始的，甚至你买了这种推荐的新基金都不一定亏呀，对不对？

说句不要脸的，以我的影响力，只要我愿意，这个钱我可以"恰"到炸，还一点都不伤口碑，比我现在整什么"资本马桶搋"弄不好还挨骂要好多了。

我不赚这个钱，不是说我是道德楷模，一方面是我也挺有钱了，另一方面是我的价值观导向就是我想赚点能看出来大家会嫌弃但是不会让大家有金钱损失的可能性的钱。

我宁可大家说我恰饭太多，我大大方方接品牌宣传心里不愧，但如果赚了这种钱，我会觉得心里愧。

我希望我们的关系能更纯粹一点，大家看我视频就是给我面子、给我流量，要是愿意给我三连我就特别感激，这就够了，钱我会自己找甲方骗，哦不，是会更好地通过服务甲方来赚。

那么问题来了，基金公司能找到我，就肯定能找到更多人，对吧？

我不做仅代表我自己，不代表别人。

《华尔街之狼》里提到过这种经典套路，先给客户推荐蓝筹获得信任，当你有了信任之后，再卖粉单来赚钱。

所以，大家在跟风买的时候，也还是希望可以鸡贼一点、警惕一点。

第五，不要把基金当股票炒，做好长期被虐的心理准备和生理准备。

大家既然是选择了基金，那就长期持有或者定投，尽可能少追涨杀跌胡乱操作。

为啥？

买基金不就是图个省心吗？定投不就是为了可以控制风险吗？

如果我要花里胡哨，我买基金干吗？

而且基金的管理费率你自己查查，这要比股票高太多了呀。

这不是白给人送钱吗？

你要是实在管不住自己的手，那就干脆别买基金，反正基金的持仓和组合都是透明的，你就按照你喜欢的基金的持仓内容，直接自己去买那些股票好了，省了多少手续费，对不对？

除了不要瞎操作之外，还要做好长期持有的心理准备。

一只基金如果你没有做好准备连续三年不论涨跌都定投，那你就算了吧。

不然你天天看着数字上蹿下跳，自己心情也上蹿下跳，日子都过不好，你买它干吗？

买基金是为了赚钱，赚钱是为了生活更好，你天天看着数字上蹿下跳的，这多尴尬？

而且说真的，绝大部分时候，基金就是涨涨跌跌，然后几个月一看净值还那样，你天天上蹿下跳一点意义都没有。

当然，如果你只是买了万把块随便玩玩儿，就当是娱乐的那种，那随便你，毕竟很多基金的评论区非常有趣，这几天有些基金的评论区都开始搞相亲了。

好了，该说的都说得差不多了，最后给几个建议，都是非常简单的东西，买个基金也没那么复杂，大家随便听一听就行。

一、不要用自己过日子的钱买，而是用丢了也不影响生活的钱买。

打工族自己每个月的收入一部分当作强制储蓄买点基金定投是可以的，但千万一定要用不影响自己生活的钱。

说难听点，牛市里人人都是股神，现在很多吵吵的人，都还没经历过大跌的那种绝望，动不动一年给你跌个40%，就都开始找天台了。

所以一定要先保证自己的生活。

二、千万不要所有钱都买基金，更不要借钱买基金。

投资要分散，还要随时留点无风险的钱备用，这是基础常识了。

至于借钱买基金，这就真是赌博了，我并不想多说啥，反正也不是我的钱，我也不赚大家的钱，我只劝有缘人。

三、基金尽可能不要天天看，不然上蹿下跳你基本上很难拿得住，要么追涨杀跌，要么频繁操作，要么疯狂补仓。

只要你天天盯着，你一定控制不住的，买基金这东西真的会上瘾。

四、选基金的话，不用那么麻烦，网上各种科普、各种数据版本，基本上国内顶尖的常青树基金经理就那些，代表基金产品也就那些，你看着他们投资的领域，买自己感兴趣的就可以了。

如果实在看不懂，你就看这些人的脸，你觉得谁的脸你看得爽，你就买谁的。

我身边一个追了张老师六年、谢老师四年的人，当初说觉得张老师长得像王兴，谢老师长得像黄峥，然后就买了。

是不是非常搞笑又莫名其妙，其实选基金就是这么玄学，只要大方向上看时间、收益、回撤、基金经理的稳定性，筛选出那一堆，然后选就好了。

关键还是，别手贱、别老看，以及用安全的钱，不然你一定忍不住。

用不着急的钱，做长期的、不着急的投资。

真的没啥其他的秘诀了，把时间拉长，最笨的方法，可能才是最好的捷径。

还是那句话，说不说在我，听不听在你。

人只要能对自己的选择承担后果，就好了。

财富自由的诅咒

前段时间，胡润研究院发了一份关于财富自由门槛的报告，一线城市实现入门级财富自由的标准是一千九百万元，包括房产。

看起来数字很大，但这个数字和其前几年发布的那个几亿元的门槛来比，算是消费降级了。

我简单看了一下这份报告，觉得其实评判标准非常粗糙，并且里面有很多模糊的地方。

比如理财收入的钱，算不算家庭收入的范围，以及理财是有波动的，亏损如何定义呢？说不定坐吃山空，还没等吃空，先理财返贫了。

很多有钱人最大的美德就是不乱花钱。

当然这种报告其实广告性质大于实质性质，毕竟财富自由本身也是一个虚幻的概念。

按照一般定义，财富自由是指家庭资产产生的被动收入超过或者达到总开支。

简单来说，就是一个人如果不需要付出劳动，靠投资或者收租之类的躺着也能赚到的钱，就足以满足自身需求，那他就实现了财富自由。

胡润按所谓的一线城市、二线城市来划分财富自由需要多少钱，这个划分挺没有说服力的。

每个人的消费水平和对物质的需求是不一样的。

有的人在小县城一样花销巨大，就算县城没有高消费场所，人家就是喜欢在微信群里发十万块红包听别人说"谢谢老板"行不行？

不要觉得这样的人不存在，我在现实中几乎没有什么开销，在什么城市生活对我的消费水平影响不大，但我一年下来光公众号+B站给大家抽奖抽了多少钱，大家可以自己算算。

还有的人，即使在一线城市，也花不了几个钱。

完全可以出行坐地铁，或者干脆不出门，在家里天天打游戏，游戏也只玩免费的——只要我没有任何世俗的欲望，世俗的镰刀就割不到我。

我有个朋友疫情期间被困在北京，他每天在家里一个人待着，自己做饭，食材都靠网购，每个月的开支只有两千六，而且吃得很好，余额宝利息都能覆盖掉了。

从严格意义上来说，那段时间里他也实现了财富自由，而且还是北京的财富自由。

他过得很快乐，并没有觉得难受。

这份报告真正有意思的地方其实不在于具体数字，而在于它把财富自由分成了四个阶段，一层比一层卷。

大家都是自由的，但是后者总比前者更自由。

胡润董事长说他们之所以这么分，是因为家庭财富每到达一个阶段，就会有新的需求产生。

有了市中心120平方米的房子，又会想要郊区第二套房。

有了郊区第二套房，又会想要更好的地段和更大的房子。

有了最好的房产，又会想要更大规模的企业和社会影响力。

很多人谈到财富自由这个话题就特别焦虑，觉得自己在大厂卷到天昏地暗，财富自由的希望依然渺茫。

但如果只考虑生活所需，实现财富自由其实根本不难。

很多一线城市的社畜甚至可以立地实现财富自由，实在不行就去鹤岗买房嘛。

以这个时代的生产力水准，一个人已经很难被冻死饿死了。

不会被饿死，就意味着基本的生存是有保障的。

在基本的生存得到保障的前提下，在法律的界限内，你的欲望有多低，你就有多自由。

反过来说，如果管不住自己的欲望，就算赚再多钱，也不可能维持长期稳定的财富自由。

大家思考一下，真的是无法自由，还是无法实现自己想要的水平的自由？

如果向下，其实很容易自由的，但大家都不选而已。

财富自由的本质，是一种平衡的艺术。

当你达到了欲望和能力的平衡，不管你有没有一千九百万元，你都短暂实现了财富自由。

但是当你达到了这个阶段的平衡，你就会接触到下个阶段的人的生活。

他们的房子比你更大，地位比你更高，比你更有影响力。

他们可以，凭什么我不行？

所以要继续卷下去，直到和他们比肩。

所谓的从入门到中级，从中级到高级，并不是一个从自由到更自由的过程。

而是一个不断失去和找回平衡的过程。

这个过程会一直持续下去，没有尽头。

那么，当钱赚得足够多的时候，是不是就能得到真正的财富自由了呢？

不会的。金钱能给你一定程度上的自由，但也会带来诅咒。

我们为什么喜欢看鉴宝节目？因为里面动辄几十万、几百万的东西，价格本身就是一种刺激。

但是对真正的有钱人来说，当这些东西可以随便拿在手上把玩的时候，它们还刺激吗？

前阵子创造人类史上单日最大亏损的 Bill Hwang，这个人旗下的基金从 2 亿美元资金起步，在 8 年里把资产扩张到了 150 亿美元。

如果只是为了花钱，那他早就可以跑路了，反正赚到的钱已经够他花几十辈子了。

但是这哥们对花钱是真没什么兴趣，他发财了以后依然住在新泽西州的一个破房子里，每天上班都要自己开车三四十分钟。

后来觉得太浪费时间，干脆在纽约租了个房子，加班的时候睡在里面。

他唯一的兴趣，就是把这个数字游戏玩下去，而且杠杆越加越高，最后就爆仓了。

有人说：Bill Hwang 已经那么有钱了，为什么还不收手，早收手不就没今天这事了？

但是他为什么要收手？

掌握巨量的资金，操纵整个市场，这就是他能找到的最刺激最爽的游戏。

有钱人看钱只是一串数字，这个话说得没错，但是还有下半句。

看着这串数字增长，也是会上瘾的。

前段时间刚好有个研究，研究结果说财富增长带来的快感是没有上限的。

换句话说，这种快感的增长不会随着财富累积到一定程度而减弱，它会越来越强烈，越来越庞大。

到了财富增长的后期，世俗的其他刺激带来的快感，在这种刺激面前都会变得极其微弱。

我们会觉得，有钱人都这么有钱了，还拼命赚钱干什么。

但是他们的逻辑是：我都这么有钱了，其他所有的享受都毫无挑战性了，除了让钱翻倍，我还能找到什么更有趣的事情吗？

说白了，人只要活着，就需要找刺激。

但是在有钱了以后，刺激会来得越来越容易，越来越频繁。

于是刺激的阈值也会越来越高。

有钱人的确不在乎钱，但他们在乎刺激。

而钱的游戏，就是最刺激的。

到最后物质的、肉体的刺激已经没有用了，只有数字的、抽象的、精神的刺激，才能给他们带来快感。

因为人会本能地追求刺激，所以永远没有真正的财富自由。

你是财富的主人，但财富也是你的主人。

这就是所谓"财富自由"的最终答案：财富永无自由。

如果只是吃吃喝喝，我也财富自由了，没写公众号之前我就自由了。

但我为啥还要写公众号接广告？为啥还要做 B 站接广告？为啥还在平台上做了两个号接广告？

我其实比上班的时候更累了，但我停不下来。

不是为了钱，而是为了刺激。

当你有了足够多的财富后，财富就会像廷达罗斯的猎犬一样追逐着你，让你没有停下来的喘息之机。

你就像被铁线虫寄生的螳螂一样，被资本控制着，成为一个生存的全部意义就是让资本增长的载体。

你甚至不觉得自己是被逼的，你会觉得自己就是想这样。

有人被贫穷诅咒着，也有人被财富诅咒着。

那些所谓的财富自由了的人，或许他们从未真正自由过。

他们只是活着的时候没把钱花完而已。

他们从来没有拥有钱，只是这些钱的这一代保管者而已。

死生无常，而资本恒常。

如是而已。

暴富就是大风刮来的

很多朋友总是问我：半老师，我关注了你很久，如何发财，有没有方法论啊？

这一看就知道是新粉丝，老粉丝都是问我：半老师，你觉得这个骗局能骗我多少钱？

我从来都是告诉大家别指望发财有任何方法论，因为但凡可以被简单复制的东西都没有丝毫价值。

说到财富，尤其是暴富，大部分时候都是无法靠个人能力获取的。

说直接一点，暴富就是大风刮来的。

你没看错，我说的就是暴富是大风刮来的。

所有短时间获得大量财富的人，这些巨额的金钱，和个人能力或许看起来有关，但本质上都是大风刮来的。

不管是拆迁、虚拟货币翻了几万倍，还是买房早，还是企业在关键时期的一个决策，都是运气大于实力。

首先要明确一点，我们这里说的钱，是巨额财富，是超出一般人工作所能获得的财富。

你能力强，收入高，月入十万元，很棒。

你很节俭，会省钱，省了几十年，省出一套房子的首付，很棒。

这些很好，但都不属于我说的暴富，这是慢慢积累。

我们讨论的暴富是一笔相较于你原来的收入是巨大的财富，并且在短时间里获得。

再强调一下,绝大多数的暴富,本质来源都是"时运"。

对,连"主动选择"都不是,而是"被动选择",是时运带来的,真的分析起来,其实就是关键节点运气来了。

讲几个身边人的例子。

我身边的一个前同事,毕业第一年,进了一家烧投资人钱的公司,做得不错,年底拿了点钱,然后家里给了他一点点钱,凑了30万元,其实是拿来在老家买房的,然后他因为某种奇怪的信仰,买了企鹅的股票,30万元变成了180万元。

又因为某种奇怪的信仰,他把所有资产加了杠杆买了北京两套房,现在房子一卖,回老家过上了快乐的躺平生活。

或许你可以说他有金融人的眼光,但我二婶就完全相反了。

我二婶,家境非常普通,很多年前,一个骗子来村里行骗。

我二婶被骗子口中的大趋势整得五迷三道的,觉得有道理,但她没有给骗子交钱,而是决定自己干。

于是掏出了地图,掐手算了一卦,掏空家底外带借了很多钱让我二叔去承包了一堆荒地,然后刚搭了个棚子,赶上拆迁补偿了。

发了财的她没有放弃梦想,又开始研究政策,又承包了一片地,打算继续完成她的梦,然后又刚好拆到了那里,梦碎成了人民币的形状。

双重暴富的二婶觉得开厂和自己天克,于是开始转型为投资人,多年下来被基本上你能数得着的骗局割了一遍,尤其是币圈。她就是那个说出让中本聪走不出山东的人,堪称币圈女菩萨,公众号时期的老读者都知道嘲笑我二婶是我的保留节目。

她的家人都劝她不要努力了。

结果前段时间狗狗币给她赶上了,她又发了一波大财。

现在她在家里特别横,直到最近币圈跳水她才收敛了一点。

一开始我觉得她有大智慧，直到她告诉我能赚大钱是她求菩萨给中本聪托梦了，我才敢确认她的智商还是原装的。

但这不妨碍她又给赚到了，现在在家族群嘲笑我成了她的保留节目。

她说：小胖墩儿，网络的东西都是虚拟的，你把握不住，只有同样是虚拟的虚拟币才是未来。

我甚至难以反驳她，毕竟我连中本聪是谁都不知道，而她不仅知道，还能拜托菩萨给中本聪托梦，她上面有人。

我真怕她哪天求菩萨把我打一顿。

回看这两个案例，你会发现他们做的选择在当时毫无道理可言，有的甚至完全是逆向操作，但钱就是这么来了，来得毫无道理。

我知道肯定会有很多人拿各种商业大佬的案例来反驳我。

但问题是，你有没有看到那些成功的大佬他们成功的"基础"呢？

就拿巴菲特来说，人家是很强，但是别忘了他出生在20世纪30年代的美国，成长于美国的高速发展期，父亲本身就懂金融而且还是当地唯一一名国民议员，人家从小就开始赚钱。

不要迷信大佬们包装出来的励志故事，要看他们的第一桶金。

许多强调自己多牛多努力的大佬，只要你去认真地扒一下他们人生的过往经历，你会发现其实早在投胎那一刻，他们就已经完成了自身资本的原始积累，投胎就是第一阵风。

而即便是这些投对胎的大佬，又有多少能在商业上超越父辈梅开二度呢？

不是说他们不强，而是他们的从0到1和普通人的不一样，这是巨人的肩膀。

即便如此，又有多少强人做对了选择，最终成了时代的背景？当年同样做电商，有一批究极精英，最后到现在还剩谁？

多少人很早就看对了方向，但最终落寞？例如外卖平台其实二十年前就有了。

多少成功的翻盘其实是误打误撞？

很多成功自然有能力上的强大，但少不了的是命运的垂青。

真正白手起家的大佬不多，数来数去也就是刘强东和雷军这种平民出身一步一步爬上顶层的普通人勉强算是。

但即便是东哥，依然少不了前女友；即便是雷军老师，依然少不了求伯君的赏识。

你说他们有能力必然有人赏识。

真的吗？真的吗？真的吗？

中学课本就告诉你了，千里马常有，而伯乐不常有。

金子会发光不假，但金子也要有人主动淘，也要有人听说有金矿在，才会有人主动去挖。

再讲个不合适的例子，我。

我现在做UP，能写好稿子的人多不多？肯定多，比我写得好的人一定多不胜数。我都是半路出家的。看看我早期视频剪辑，垮成啥样儿。为啥用表情包？根本不是什么设计，而是简单方便有手就行，你让我做画面我不会啊。

然后莫名其妙火了，很多人抓着我分析我，分析了一堆一堆的。我自己都震惊：原来我这么复杂，当时不得已的操作背后竟然如此深谋远虑。

我自己觉得我很简单，别人觉得我很不简单，如果我真的很简单，那我肯定错了，别人对了，那我就很不简单。

如果我真的很不简单，那么我是对的，所以我很简单。

这个事情就死循环了。

不开玩笑，你要问我为啥是我做出来了，我发自内心的回答是不知道，如果非得让我说，那就是运气好，就是刚刚好在那个节点，赶上了风口，吃下了平台红利，又刚好赶上了几个特定新闻，出了特定选题。

后来人即使比我强，没有那个风口，没有遇上那波红利，没有那几个特定的热点，付出百倍努力也不一定能有十分之一的收获。

大家看是不是这个道理？

我一直说运气是核心竞争力，别太把自己当回事儿，我不是谦虚，我就是这么认为的。

除了少数幸运儿，有多少人才华横溢却依然默默无闻呢？不计其数，不计其数啊。

大家看见的，是他们成功后的、被人包装出来的必然。

没看见的，是他们成功中的偶然。

偶然地投对了胎，偶然地做了个当时不一定正确的选择，偶然地被他人赏识，偶然地遇到了不可抗力因素。

然后他们就被你们看到了。

时来天地皆同力，运去英雄不自由。

英雄本身就是时运的产物。

为什么那些商业大佬看起来特别神神道道，还有一些人特别迷信各种有的没的？

你以为他们不懂？不，正因为他们自己也懂自己的成功其实有太多的偶然性和不可控性，所以才那么相信这些东西。

他们自己回看过去，感受到了无常，想要抓住无常，但不知道怎么做，最后就容易玄学化。

这时候，作为后来者，你去追求所谓成功者的秘籍，但秘籍的存在本身就是一个悖论。

第一个给挖矿人卖水的人能够暴富，剩下过来卖水的人会把卖水这个生意卷成低利润的劳力工作。

规律一旦被掌握，就会改变。

所有的秘籍都是如此。

秘籍的本质只有三种。

第一种是，运气，运气，还是运气，是命运差，完全不可复制。

第二种是，我知道，你不知道，是信息差。

大家资源条件都相同，但我掌握了信息，我知道去哪儿卖水能赚钱，我能用同样的钱创造好几倍的收益，你不知道，这就是信息差。

信息差是存在的，但信息差一旦被多人掌握，就会迅速被抹平。一个产业的高利润大多数建立在"分钱的人少"以及"用户没的选"的基础上，大家想是不是这样？

大量竞争者的涌入，用户有的选，利润被瓜分，暴富就无从谈起。

所以真正有价值的信息差，没有人会拿出来卖，因为划不来。

拿出来卖的，都是不值钱的东西，这也是为什么我不相信各种教人发财的东西。

因为真有用，傻子才出来分享。拿出来分享的，都是不值钱的。

当然，卖所谓信息差本身，也是一种赚钱。

通过吆喝着金矿，赚卖水的钱，也算是一种信息差吧。

第三种是，我有你没有，是资源差，个人能力也是资源的一部分。

都知道收租最好赚钱，但人家有几栋楼能去收租，你不能。

都知道技术领先的专利好赚钱，但人家能发明技术，你不能。

就算是财富秘籍摆在你面前，有人能快速领悟执行到位卷起来，你不一定能。认知也算是一种资源能力。

资源差的具象化是马太效应，富者越富，穷者越穷。

举个简单的例子，就算按年算利息，1个亿一年5%，100万一年10%，1万一年50%，基数差距之下，整体差距其实只会越来越大。

你看到的绝大多数商业大佬，普遍已经有了最开始的财富积累，这些钱只是让他们"更富",而不是"暴富"。

命运差、信息差以及资源差,所谓暴富密码不过如此。

什么狗屁富人思维、穷人思维,你把富人归零丢到穷人的环境中试试,他的富人思维脱离了资源支持,还有没有能力发挥?

看到这里,你可能会怀疑:半老师你成功扑灭了我暴富的念头,那你说的这些对我有啥用?

用处是,让你控制好对自己人生的期待值,不要去想暴富,也别指望听个什么破东西能改变人生。

我说了,暴富要么是资源,要么是大风刮来的偶然事件,我们无法追逐。

但是——

胜利从来都有两条路,一条是你干掉了所有人,一条是你啥都没做,别人作死了。

所以我一直劝大家慢慢积累,尽可能少犯错,有一定的积累之后再去慢慢换赛道来改变。

暴富始终是小概率事件,我日常所说的自我管控,本质上是一种兜底策略。

正因为暴富是小概率事件,我们更应该做自己力所能及的事情,不犯错,低成本,追求"小富",或者说是局部优势。

这是一条高确定性的路径,你能稳定发育,慢慢等机会。

我记得这是从我第四个视频就开始一直灌输的概念。

这个过程肯定痛苦啊,但你告诉我还有什么是比这个更负责、更有确定性的东西?

哪怕你躺平,躺平也是一种确定性,对不对?

大家也看MOBA(多人在线战术竞技游戏)比赛吧?最恐怖的战队一定是不犯错的战队,平时一个错,对手滚起雪球;关键时刻一个错,满盘皆输。

在确定性上积累，在不确定性上低成本试错，这是我自己总结的运营策略。

另外还有一个是，如果你运气很好，又或者爸妈很努力，你现在的资源条件很好，你一定要知道，大风可以刮来钱，也可以刮走钱。

你的核心策略应该变为防守，应该是盘活存量资源，靠着基数取胜，而不是去赌概率。

好好享受生活，滋润过小日子，而不是去赌一把，除非你的钱已经多到只是数字，可以随便玩概率游戏的地步。

最守得住钱的富二代，恰恰是吃喝玩乐的富二代，吃喝玩乐的哪有自以为有本事然后投资做生意的赔得多？

很多人拆迁暴富之后，还去追求更多，但他们没搞清楚的是，拆迁给了他们钱，但没给他们能力。

与财富不匹配的野心，会导致财富流失。

暴富很多时候确实是运气，但能够守住财富才是能力。

用一句经典的话来总结：靠运气挣的钱，凭本事输光。

有时候要知道，不努力才是最大的努力。

说到底，成功是有偶然性的，暴富也从来都没有方法论，不要去总结为什么成功，因为你永远不知道下一个成功为什么成功。

用"暴富明天就来"去期待和播撒。

用"暴富永远都不会来"去生活。

别想着暴富了，好好想想你的生活。

配资一时爽，
全家火葬场

前段时间股市大涨，很多刚发芽的"韭菜"又产生了幻想，觉得自己的钱包十分"瘙痒"。

真是天晴了雨停了又开始觉得自己行了，大家一下子把股市从骗钱给捧成了捡钱，尤其是很多刚发芽的"韭菜"，突然觉得自己支棱起来了，是合格的投资者了，于是一股脑杀进了股市。

那时候很多炒股 App 都给搞宕机了。

在这拨冲进去的人中，就有我家的做菜阿姨。介绍一下，她是一个萧山的拆迁户，非常有钱，兴趣之一是做菜，兴趣之二是给女儿找上门女婿并赶紧生孩子，这样下一波拆迁算人头能分更多房。

正常情况下，我和她的聊天内容仅限于"死胖子，你少吃点，最近又胖了"。但是那天，她给我讲了一中午的股票知识以及如何选股，各种术语从她嘴巴里说出的时候，我觉得很茫然，因为很多知识我都是第一次听到。

像什么阿波菲斯曲线、赛利亚波动、迪亚波罗增长之类的，听得我两耳嗡嗡。

我跟她说：您好好炒菜就行，别炒股，买点基金放个三五年不理会多好啊，天天盯着不仅累，而且心脏受不了。

她说：你这胖子别废话，我觉得炒股比炒菜有意思，如果再多赚一些，我就专职炒股不炒菜了，希望以后不给你做饭了，你能少吃点，瘦一点。然后端上了最后一盘菜——韭菜炒蛋。

我吃着她做的韭菜炒蛋，一下子觉得非常魔幻，但还是对她表示了祝福。

然后大半年过去了，她还在每天炒菜，突然这几天的菜特别咸。

一开始我觉得是因为她一边炒菜一边手机看盘，加盐的时候手抖。但有一天她做菜的时候我进了厨房，发现她其实不是加盐不准，而是看着手机在哭，眼泪和鼻涕都流进了菜里。

有时候哭得太厉害被油烟呛得咳嗽，所以还有其他可疑液体也进了锅。

当时我就觉得这个世界太坏了，垃圾股票，毁我脂肪。

那天我问她赔了多少，她说全赔了。

我说：股票都是数字，涨跌都是一时的，只要你还没有交割就没事儿，不必在意。

她说：你懂个屁，全赔了。

我说：即使你赔了现金，家里还有这么多房，生活还是美滋滋。

她说：我说了，你懂个屁，全赔了，正在准备卖房还钱。

当时我很震惊，按照 A 股的涨跌停机制，没有道理全赔了，这个速度简直有鬼。

然后我才了解到，她是玩了配资，加了杠杆，一开始大赚特赚，某天股市大跌的时候直接一把赔光，连带杠杆资金都赔了，现在正在砸锅卖铁还钱呢。

听完后我笑了，告诉她不用还，带她去公安局举报那个配资公司，毕竟场外配资是违法的。

后来警察叔叔都说：幸亏你这是被坑了，要是真的自己炒股，那房子就真的没了。

2021 年年初以来，大家对于股市的认知一直处在极端的情绪中，极端情绪下的频繁操作，大概率是失控的。

在投资中，失控就等于危险。

尤其是朋友圈的股神们，一天过春节一天过清明节。要警惕他们，不是警惕他们荐股，而是警惕他们亏了之后找你借钱。

注意，我不是说炒股是坏事儿，炒股本来就是个愿赌服输的事情，存在不确定性那都是公开的。

而且有一说一，如果没有被股市搞过，你的人生都不一定完整。

大家趁着年轻把小钱赔光，以后有钱了就知道不碰股票了，其实也算社会疗伤。

真正需要警惕的是，场外配资又开始整幺蛾子了。

炒股只是刺激，配资才是投胎。

相信如果还在做股票交易的人，这段时间应该已经被场外配资骚扰过好几拨了，各种变声器带来的甜美声音天天喊着"大爷，来玩儿呀""来呀，快活呀"。

他们总是在强调你可以用同样的钱赚得更多，可以使用更多的资金，只需要很简单的手续和不高的费用，就可以尝试着挑战财富自由。

我想提醒各位的是，股票这东西，你不论怎么买、怎么卖、怎么赔，最终也还是有点本金剩下的。

甚至于你咬紧了牙关就是不卖，坚持个几年说不定赶上牛市一波就翻身了。

但是场外配资这个东西，千万不要碰，这东西只要你碰了，死得就不可能安详。

如果说炒股是博弈，卖房、卖车、信用卡套现、裸条去炒股那叫有想象力，配资炒股那叫喝多了大力。

炒股像开过山车，配资就像把自己绑在过山车的轨道上。

场外配资是什么东西？

简单来说，类似于期货中的保证金杠杆机制，你出一笔资金，配资公司给你补上一笔资金，双方的资金放在一个配资账户里一起操作，赚了归你，赔了你要加保证金，不然就强行平仓。

当然，这个资金也不是白给你用的，一个月收几个点的利息，1.5到10个点不等，要多要少是个缘。

你可以简单理解为，场外配资本质上是一个高成本的资金杠杆。

加杠杆这件事情，一不小心蛋就飞了。

配资的操作流程是怎样的？

举个例子，我有10万元，找到配资公司要做配资，配资公司审核了我的资质之后，给了我9倍杠杆，就是90万元配资金额，月息3%，加上我的本金10万元，一共100万元，放在配资公司的账户上，我可以操作100万元资金。

但是每个月要支付2.7万的利息，90万的3%。

如果正好赶上牛市，赶上一连串涨停，这100万元完全有可能在短时间变成500万元甚至1000万元，然后你全卖掉，用10万元资金博取一个财富自由。

如果你有20万元、50万元、100万元呢？

如果你的杠杆是10倍、20倍、30倍呢？

想想是不是特别激动？

加杠杆一把"梭哈"，赢了就能实现财富自由。

现实是，没那么好的事儿，真有这么好的事情，他们自己就去干了，还在这里借给你钱？

图什么啊？做慈善吗？

配资的问题在哪里？

首先，配资是要收取高额的月息的，一般市面价格在 2% 到 10% 不等，我举例就按 3% 的常见额度来算。

等于是你每个月都要交 3% 的钱给配资公司，如果你这个月不赔不赚，其实就等于亏 3%，而且你要知道，亏的是保证金总额的 3%，不是你那点可怜本金的 3%。

如果你是 10 倍配资，那么这就等于是你每月的交易成本占到你真实资金的 30%，除了做网络高利贷，没有这么刺激暴利的生意了。

这不是卖水了，这是直接吸血。

其次，配资等同于杠杆，放大你的资金，你的收益的确会呈指数级扩大。

但你赔钱赔起来，也是呈指数级扩大。

假使你有 10 万元资金，去炒股，就算倒霉到天天跌停，每天跌 10%，想跌 90% 也得跌个很久，在 A 股当前的状态下，即使"扇贝"又来作妖，都难在短时间内跌成这样。

说到"扇贝"，最近人家疯狂涨停，还拿海底的资产做了质押获得了贷款，又支棱起来了，你自己感受一下。

如果你做了 10 倍杠杆，拿 10 万元当保证金，配了 90 万元，一共 100 万元资金，只需要一个跌停，你的本金就一分不剩了。

这是一个容错率极低的游戏。

这时你面临两种选择，追加保证金，或者被强制平仓。

追加保证金不用多解释了，主要说强制平仓。

上面说到了，配资资金和你的资金都会在配资公司的交易账户里，这就代表着对方是可以操作你的账户的，当配资公司识别到你的本金部分不够亏的时候，就会强制执行卖出策略，直接抛售你持有的股票，以保证配资资金的安全。

如果被强制平仓，其实还是不幸中的万幸，就是本金没了呗。

最可怕的是，整个市场都在卖，出来就是跌停板，配资公司出货都出不去了。这个时候，配资资金的亏损，可是要你出的。

也就是说，你不仅本金赔完了，还要赔配资公司的钱，这笔钱可能是你本金的几十倍。

当然，你可以不还，但是我告诉你，场外配资在中国是明确违法的，证监会严厉打击场外配资。

这就代表对方不会走什么法律这种光明正大讲道理的路线，这些敢做违法生意的高利贷贩子，他们催债的方式绝对会让你怀疑人生。

看到这里你又说了：那我争取不赔不就行了吗？我就抓一波行情扩大利润不好吗？

大哥你是傻子吗？

首先，配资带来的交易成本让你自带月赔 N 个点，出生就挂个 Debuff（减益魔法）。你得给利息的，你首先要把这些赔的点赚回来，才能讨论收益问题。

你这个月没赚没赔那就是赔的。

其次，股票一定有涨有跌，连涨几天连跌几天都是正常的，即使是大牛市，也不妨碍出现个股的熊市。

就算一只股票一年涨了三倍，也不妨碍它在这一年的某一天出现跌停。

你知道吗，10 倍杠杆之后，你离爆仓就是只差一个跌停，你的容错率无限趋近于 0。

你还不如把钱打给我，我还能说几句好听的！

感谢老板的三连！老板牛！老板发财！老板好运滚滚来！

在股市里，再牛的高手也会犯错，没有人不会犯错，巴菲特也会犯错！

他就不该和孙老师吃那顿饭。

重要的不是犯错，而是犯错之后还能不能东山再起。

如果你用你自己的钱做投资，犯错无非就是赔点钱，你还能继续这个游戏。

而你如果做配资，就要求你不能犯错，只要你犯错，你就完了。

犯错本身不可怕，可怕的是犯一次错就失去一切。

对了，给年轻的朋友们科普下，还记得上一次股灾是怎么来的吗？2015年的那次，就是配资杠杆炸裂引发的！

那时候股市看起来牛气冲天，很多不要命的人都是加了杠杆在做股票，一天赚辆跑车赚套房的比比皆是，满大街都是野生股神。

那时候很多人都是1比5、1比10，甚至1比20地做配资，因为感觉买什么都会涨，干脆多赚点。

然后当年证监会开始严查场外配资，一些配资公司一看风头不对，就强行平仓开始跑路。

而股票市场的机制是，只要有人开始疯狂甩卖，立刻就是踩踏，谁都跑不了。

1比30的人，只要跌3%，就平仓。

1比30的配资试图平仓，带来大量抛售。

然后1比20的配资试图平仓，带来大量抛售。

然后1比15的，1比10的，1比5的，1比3的，1比1的。

一个都跑不了。

因为当大家同一时间都由系统自动强制平仓的时候，等于是市场上出现了一个无敌的庄家砸盘，这个庄家的资金量等同于所有人真实资金量乘以配资比例。

没有人吃得下这样的资金体量，救市都救不了。

大家一起努力，自己弄死了自己。

当时整个市场上最大配资系统供应商，HOMS的核心团队直接转岗，子公司宣布破产，想要赔偿，想都别想。

记住，一旦你玩了配资，没有任何人能保障你的利益，因为这东西不合法，甚至很多配资公司就是在骗你的保证金，骗够了保证金直接跑路，没人能保证你的权益，你玩的是不合法的东西。

你去报警警察都没办法，你玩的东西不合法。

哭都没地方哭。

当你泪流干的时候，就要开始流血了。

年轻的"韭菜"或许以为上天台只是一个哏，但我们老"韭菜"都知道不是。

而现在，随着股市又开始大幅波动，原本销声匿迹的各路配资公司又蹦出来了。

我不希望历史重来，我想很多新股民可能不知道这段历史，所以一定要告诫大家一下。

不要碰配资，不要碰配资，不要碰配资！

你要炒股就炒股，我从来不反对人炒股，只要拿来炒股的是你赔了也不会影响生活的钱就好，控制风险，适度找找刺激也还行。

但配资的刺激直接是致死量，不信你打开百度搜一下。

就连你在百度搜"配资"，都会告诉你这个是非法的，都没有广告。

连百度都告诉你不能做的事情，你自己感受下威力。

当然有一说一，也不是我的钱，我随便说说，你随便听听，有的人真的被贪欲塞满，我也没办法。

只能说，希望大家保持清醒、保持警惕，然后，祝各位财运亨通。

民宿投资利弊

在全球疫情形势下，可能在很长一段时间里，我们为了安全，节假日都只能在国内玩耍了。

有需求就有生意，旅店生意看起来似乎不错。再考虑到当前越来越卷的职场环境，于是很多见识到国庆住宿爆满的朋友，开始来问投资民宿可不可行。

更直白一点，就是能不能轻松赚钱。

在我看来，有些打工族在职场可能会面临 35 岁被淘汰的问题，但好歹还能撑几年，假如做了民宿，可能不到 35 岁就被淘汰了。

民宿投资者对于自己的状态，有一个传神的描述：开民宿只有两天开心，开业的第一天和成功转手的那一天，其他时候都很痛苦。

建议用心感受一下这句话，这都是前辈们用人民币烧出的血泪。

很多人上班上抑郁了，然后看了几篇图文、几本小说、几个视频，就想搞个民宿去实现风花雪月的小日子，心里的小算盘都盘出包浆了。

民宿多好呀，听起来就是吉他、艳遇、江湖、花房姑娘、清新、花朵、咖啡、烧烤、篝火、酒和故事，风一样的日子，还能坐着数钱。

再一想民宿这东西看起来好像没有什么门槛，装修一下就能接客，而且多少还算是个二房东生意，现在又有各种短租平台以及 OTA（Online Travel Agency，在线旅游）可以让自己获客，这么好的事情还等什么？

干干干，冲冲冲。光速杀入韭菜坑，一把梭哈上太空。

我其实很理解大家被工作折腾得想发疯，希望尽快实现时间自由、财富自由的心情。

但任何事情，都得稍微了解一下再去做，尽量不要怀着赌一把的心态闷头就上。

简单来说，外行别瞎想着跨界创业，贸然跨界的后果，基本都是破产。

民宿这个行业，相比较其他行业而言，不论是破产效率还是频率，都非常适合当代都市上班族，因为赔钱赔得特别快，年初开民宿，年末就赔光，然后开心地回去上班，踏踏实实给老板卖命，再也不去开店了。

不信你自己潜入一些民宿经营群看看，天天都是各种转让信息，故事编得天花乱坠，但就是转不出去。

我来往细里讲讲民宿投资存在的问题，希望可以帮到大家，也希望可以分享给身边有这种幻想的朋友。救人一命，胜造七级浮屠。

第一，运营成本和难度较高。

民宿，严格意义上是酒店运营的分支，只不过相对于常规酒店的标准化和规模化，民宿走的是个性化以及个体化。

大多数个人民宿的客房数量不多，在二十间及以下，装修往往比较个性，带有运营者自己的主观倾向。当然有一说一，很多民宿的审美都不怎么过关，透露着一股廉价的网红风。

民宿提供的服务也不同于酒店的标准化服务，整体运营较为粗放，主打的服务卖点一般都是自己的特色。

这些服务基本取决于运营者自己的艺术特长或常读的各种小清新文章，整体水准一言难尽，但胜在不要钱。

连锁酒店走的是规模化、标准化的高效模式，通过规模走量可以压低装修成本，一次性资金投入后，后期的运营成本走标准化是相对可控的；民宿走的是低效率的个性化非标模式，先期资金投入不是很高，但后续的运营成本会特别高。

一群个人创业者兜里揣着不多的钢镚，带着风花雪月的梦想不接地气地杀入非标品市场去拼运营水平——上班你都上不好，居然觉得自己做更麻烦的运营能做好，想想都觉得非常魔幻。

这就像四级都过不了的人非得说自己其实有专八的水准，只是刚好四级是他的知识盲区一样。

第二，地理位置和房租成本难以权衡。

当你决定做民宿的时候，你要做的第一件事是找个好位置，毕竟你的钱来之不易，埋葬钱包要找个山清水秀的地方，保证它们早日投胎，下辈子还到你这里来。

民宿本质上就是酒店业，吃地理位置。你在深山老林搞家民宿就没意思了，除非你主打倩女幽魂主题，夜里提供鬼吹灯服务，不然没啥希望。

民宿吃地理位置，并且由于规模小，所以对于地理位置的依赖是要高于传统酒店的。

这里的地理位置分为两种：第一种是广义的地理位置，也就是城市——民宿多出现在旅游城市或者说网红城市，因为需要大量外来人口，哪怕是农家乐，也得有大量城里人，这是大前提；第二种是狭义的地理位置，就是城市的某个地点——民宿一般都是出现在景区附近，毕竟主要来玩的人都是外地人或本地休假的人。

不是全国哪个城市都适合开民宿的，也不是旅游城市的每个地方都适合开民宿，实际上可供民宿选择的地点真的不多。

我之前有个朋友想去长白山开民宿，我告诉他那里张起灵是没有的，倒是陈皮阿四遍地走。

不管是第一种地理位置，还是第二种地理位置，都一样重要。好位置不难选，难的是比较好的位置一般租金都不是很便宜，如果你不是自有住房改造的话，光租金成本可能就让你难以负担。

现实是，现在那些做得比较好的老牌民宿以及大城市的二房东，不是因为他们水平高，而是因为他们做得早，以较低的租金签了很长的期限，所以成本可控。真让他们以现在的租金来算成本，分分钟就滚回去上班了。

所以第一步，你就面临成本问题。

或许你会想：我可以在网上给自己宣传呀，搞得远一点也没关系。

朋友，虽然房东要的租金高，可还算是明码标价，而你在网上给自己宣传，那是真正的玄学。如果你是投各种广告或者在各种 App 及 OTA 网站上买流量，那这个钱你都不知道花到哪里去了，更不知道有没有效果。

你有这钱，丢在银行吃利息不好吗？

第三，民宿装修是一个巨坑。

假如你咬咬牙租了个房子，恭喜你已经被套牢了，下面进入第二步——装修。

做民宿，不是说你租房就可以了，你还得装修。

买过房、搞过装修的人应该都知道，装修本身就是个坑，即使是全包，你也要和装修公司以及施工队斗智斗勇，最后被搞得全身瘫软无力，浑身上下只有嘴硬。

给自己家里装修的斗智斗勇程度如果算 100，那么搞民宿装修的斗智斗勇程度差不多可以说是 10086，大概是天线宝宝与地狱男爵的区别。

首先民宿装修是非标产品，而非标就代表着贵，因为你不能批量采购相同的耗材，并且也不能使用完全相同的装修方案，就连工期都要更长。这都是成本啊，朋友，而且装修队的人工费都是按天按人头算的呀。

对了，在装修期间，房租还是要照付的，有些房东会给你免一点租金，但大部分都不会。而那些肯给你免一点租金的，大概率是这地方已经开垮了太多民宿，给你点甜头是防止你直接跑了。

装修+房租，基本就是十多万甚至几十万进去了，具体数额取决于你选择的地段以及装修方案。相信我，装修队在面对你这样的小可爱的时候，肯定会给你乱开价的。而且吧，一旦知道你是搞民宿的，用的材料都不会特别好，克扣多赚钱是一方面，主要是他们民宿见得多了，绝大多数撑不过一年就跑了，不需要特别好的材料，用好的材料都是浪费。

反正你也没这个能力看出来，因为装修材料的型号本身就是一门密码学，对施工队是财富密码，对你是破产密码。

你说既然成本这么高，又有这么不可控的道道，那干脆自己装修吧。

理论上当然是可以的，只不过由于你不是专业人士，你搞出来的各种设施的坚固程度以及美观程度，可能会惨不忍睹。我住过一个民宿，鲁迅文章主题的，整个屋子设计成了一个瓜田，地上都是各种假西瓜，头顶上的灯是月亮的造型，枕头下面有个叉子，还有个草帽。

最妙的是，由于常年没人住，还闹老鼠，我一整夜都戴着草帽拿着叉子在那里叉老鼠，时不时还被西瓜绊一下，堪称完美还原。

那些自己动手还美轮美奂的民宿，人家原本就是做设计或者美术相关的，那叫专业发挥，普通人别想了。

当然还有一种方法就是，不对房屋做大改造，就是在原有户型的基础上弄点特色家具，最多刷刷墙之类的，那倒是简单。

但是我问你，你的特色在哪里？如果没有独有的特色，你这也别叫啥有情怀的民宿了，你这应该叫小旅馆，建议直接开在大学城，那还靠谱点。

另外，即使你装修完了之后，理论上也是没法立即投入使用的，甲醛是个很严肃的问题，自家住的房子可以放个半年再说，拿来做生意的房子，要赚钱，而时间就是金钱。

这时候你就面临人性的抉择了，要钱还是要脸。

当然我知道，在金钱面前，有些人往往是不要脸的，时间不够，人肉来凑，这么多顾客居住，直接让他们当人肉除醛器就好了。

恭喜你，有力踏出了成为资本家的第一步，可能这也是你资本家生涯的唯一一步。

第四，各种乱七八糟的手续让你上天。

不管是房租也好，装修也罢，只要你咬着牙上，也不是不能解决。当你好不容易搞得七七八八之后，你觉得可以开始营业了，开始风花雪月了，别急——消防证办了吗？当地政策允许做民宿吗？能办理合规的民宿运营手续吗？

这些东西非常要命。有的地方是不允许做民宿的，要按照宾馆的资质来办证。至于消防证和消防标准，更是一种玄学的东西。如果没有足够的功课准备以及适当的资源，这些东西办起来会让你怀疑人生的。

很多愣头青真的会搞不清楚状况就砸钱的，房东也乐得收钱，你不问我也不说，你问我就说不知道，除了银行账号我什么都不知道。

别想着不管三七二十一先干起来再说，一个举报妥妥地送你罚款加停业一个月，民宿竞争这么激烈，同行举报真的是不要太多，尤其是消防这块，开过店的都懂。

第五，人员管理问题。

除了硬件投入，你还需要招聘一些员工，这些也是成本。

我们就按最低标准，前台＋记账需要一个人，保洁至少需要一个人，管家和小二看你的配置决定，打底需要开三个人的工资。当然，如果你拉自己家人来的话，可以节约一点成本，但是考虑到这人原本可以去打工赚钱，其实也没节约什么。

而且人不是招来就能上手的，你得培训他们，他们都是来打工的，想的就是上班拿钱，你想象中的主观能动性根本没有，不信你想想你自己平时上班的时候，是不是有条件就偷懒？

员工偷懒是小事儿，大事儿是这里面可能有人手脚不干净或者和顾客吵起来乃至动手。不要觉得不可能，你觉得去民宿打工的人能儒雅随和到哪里去？

这些都要你把他们教好，管理好。这需要一定的管理能力，而且很累。你永远不知道人一多能搞出多少匪夷所思的幺蛾子。

风花雪月？躺着数钱？诗酒人生？醒醒，该拖地了，今天保洁阿姨接小孩去了。

在一家民宿的运营过程中，老板都会是最累的那个人，什么轻松悠闲喝茶，都是不存在的，一点点都不存在。

水电坏了你得修，马桶堵了你得修，路由器不干活你得修；什么东西坏了你都得修。

阿姨忙不过来，你得打扫房间；客户比较远，你可能要开车去接送。如果你的民宿还带了做菜功能，那么你还得去买菜，得去考虑进货库存，从而得小心被采购宰一刀。

你也可以不自己做，可以请人做，但相信你看了价格之后，你会觉得你完全可以试试。

开民宿的琐事多不胜数，你基本没有一刻能闲下来。在被鸡零狗碎塞满的时候，你甚至会怀念当年上班的岁月，并且深刻意识到创业和打工的强度根本不在一个维度。

你上班可以偷懒，你上班捅娄子了可以让公司顶着，但是当你自己开店，你没办法糊弄。

除此之外，你还得应付各种检查，算各种账，税务和发票也都得你自己走，别想偷税漏税，这是一种很容易把自己送进去的行为。

如果这些事情最终不能妥善解决，你的民宿之路可能会成为监狱之路，考虑到进去之后也用不着花钱，可以算是曲线实现财富自由吧。

第六，服务能力问题。

如果看了上面这些，你已经觉得有点瑟瑟发抖了，那么我建议你找个被子把自己裹起来，真正麻烦的东西来了。

这个世界上什么样的事情最麻烦？一定是关于人的事情。与人打交道是最麻烦且最复杂的事情。

开其他店，超市、奶茶店，哪怕是足疗保健店等，和用户的直接接触时间都是不多的，服务有，但是有限度的。而民宿不一样，民宿是一个要天天和人打亲密交道的服务业，讲白了就是要长期伺候人，而且是无限度伺候。

你的住户们多数都是住惯了酒店的，对于住宿的理解就是什么服务都要做到位，对于有充足人手和SOP（Standard Operating Procedure，标准作业程序）的连锁酒店而言，这不是什么太大的问题。

但是对于你一个非标准民宿的老板，这就代表了巨大的麻烦。用户对你提出什么千奇百怪的需求都有可能，一旦你服务不好，只要给你几个差评，你的民宿要花费10倍的成本才有可能把评价升回来。

如果用户再在网上稍微给你散播一下，你差不多就完犊子了。

如果你不开心，和顾客吵起来，起了冲突，一个投诉，停业整顿加罚款第一时间安排上。罚钱这件事情大家都很积极。

对于绝大多数从小就没伺候过人的朋友而言，这种折磨基本是毁灭性的。人类的多样性以及社会学阴暗性将会赤裸裸糊你一脸，你将深刻意识到世界上有坏人。

而且你还没辙，差评、投诉以及罚单会让你既不感动也不敢动。

再想想你已经投入的成本，你只能悄悄低头抹一下眼泪，然后抬头露出虚伪的笑容，只是笑容更苦涩了。

第七，人员安全问题。

如果只是奇葩住户和无厘头玩家还好，真正麻烦的地方在于，你其实控制不了住户在你的民宿里做一些超越民宿的事情。

大多数人出行都是喜欢直接订标准酒店的，因为价格透明，服务稳定，而且餐饮干净卫生。

专门喜欢订民宿的朋友们，普遍个性都比较强，很有想法。

一些很有个性、很有想法的人，会在你的房间里做出一些什么操作，其实是一件不可预测的事情。毕竟他们很有个性、很有想法，而且很有精神！

我朋友有开民宿的，他见识过有人在房间床上拉屎的，有酒喝嗨了开始闹腾砸东西的。

他们能做出的事情绝对超出你的想象。

这些事情一方面会产生成本，一方面可能会造成你和顾客的冲突。

但真正麻烦的地方在于，如果出了安全问题，怎么办？谁能负责？你一个个体户吗？

很多想不清楚的人，在面临意外的时候真的完全没有处理能力，也没有足够的金钱来抵御风险，一个顾客洗澡脚一滑摔个骨折都能把他弄关门。

更大一点的风险也不是没有，因为各种奇葩顾客被整上天的民宿，实在是多不胜数。

基本上，如果你是一个上班出身的正常人，民宿这些事情会把你彻底逼疯。

跟搞民宿的糟心一比，你会意识到自己的办公室是多么温暖，无聊上司是多么和蔼可亲，塑料同事们是多么真诚友善。

真的，我自己是开过店的，还有专业人员入场，但下场也不是很美好。幸运的是，这让我认识到了人性的多样性，工作上那点工作压力、人际关系，比起搞服务业、开店，真的只是毛毛雨。

每个开过民宿的人，对于人性的理解都会深十八层。

当然，既然我们是开店，最重要的还是要赚钱，这么苦、这么累、这么为人服务，是不是能赚来钱呢？

想多了，朋友，民宿什么幺蛾子都有，但赚钱这个是真没有。

你看看那些长租公寓，那可是真正的大牌二房东，还有金融杠杆，最后还不是给自己一棒子杠上天？

你凭什么觉得你一个个体户能在这里面发财呢？你知道那些做得好的民宿，要么老板入行早，要么背后有"爸爸"吗？

税务要查，消防严打，房屋租约到期、涨价，市场竞争饱和，这么说吧，90%的民宿都赚不到钱，不然为啥天天都是各种转让的？

别听他们的故事和理由，要真赚钱，哪会丢出来转让，就是雇个亲戚也要继续做下去啊。

实际上，大多数人早期投入的装修都打了水漂，最后灰溜溜地去打工了。甚至有些人动手能力被训练得过强，干脆直接转行做水电工了，真正地跨界成功。

虽然开民宿赚不到什么钱，但不妨碍有些人拿民宿来搞钱。

低端一点的，是搞各种民宿加盟，收徒，从保证金到装修材料，真正地"割韭菜"。他们最喜欢各种鼓吹民宿怎么怎么有潜力，什么各行各业都不好做，民宿要认真钻研运营云云。你拿他们的话术直接百度，能找到各种一模一样的来，他们连编话术都懒得编了。关于加盟的坑，我已经说过太多了。

中端一点的，搞各种知识付费，教给大家如何做民宿赚钱，以及给一些经营不善的民宿当顾问，基本上属于空对空，钱来得毫不费力，属于轻资产运营。你不用买他们的课，读完这篇文章后，你变个花样就能直接开课了。

高端一点的，直接把一堆堆不赚钱的民宿包装成各种看似赚钱的项目，搞各种众筹，拿一些明星项目搭配各种垃圾吸公众的存款来做投资，还能收点管理费，而且有些项目都是虚构的，等他们民宿搞起来的时候，可能猪都上树了。

最后的最后，我想奉劝想做民宿的小清新们，你们不想上班想做民宿，其实并没有解决问题，你们不过是换种方式给别人打工——过去你们只给老板一个人打工，现在你们在给房东打工，在给顾客打工，在给你们的员工打工。性价比算下来，可能会让你们的眼泪流下来，很多无眠的夜里你们也会问自己图什么。别问，问就是梦想。

考虑到早期投入的各种成本，民宿运营的各种成本，你们的一切时间都被浪费在琐碎事情上的时间成本、精力成本，有时候我都感叹大家真的是敢想敢干敢破产。

就连各种出身于酒店行业的专业前辈去做民宿，最后得到善终的都不是很多。人家可是专业的，最后还是免不了把酒店业做成殡葬业。

如果你真的真的非常想做，就是不死心，我建议你可以找一些民宿去打工，打个半年工，你就什么都懂了。不用听民宿从业者胡说海吹，你自己去民宿打个工就可以感受到这一切了。

在进入一个自己不懂的行业前，入行打工半年有助于快速认识到自己的无知。毕竟对于任何行业的浪漫幻想，本质上都源于对这个行业的无知。

希望大家好自为之。

"
幸福是目的,策略是手段。
"

第四章

用商业思维
破解爱情迷局

为何大学恋爱难以长久

在现实生活中，大学的情侣非常容易分手，尤其是在毕业的时候，毕业季也有一个说法叫作分手季。

当然，有一说一，只要你不谈恋爱，那就不会分手，但如果大学都不及时谈恋爱，很多人可能一辈子都没机会谈个正儿八经的恋爱了。

很多人结婚并不是因为爱，而是因为时间到了，不得不结婚，凑合就凑合了。

他们不是找一个爱的人结婚，本质上只是给自己的结婚证或者户口本找一个持有者而已，这就像很多人以为公司给员工配电脑，其实是公司给电脑配一个工具人。

那为什么大学时候的爱情往往难以持久呢？为什么大学恋爱的主旋律好像就是分分合合、吵吵闹闹，很难走到最后？为什么大学情侣毕业后很容易走着走着就散了？

这个答案并不复杂。

第一，最本质的原因是，大家根本就不是一个世界的人，怎么可能长久呢？

很多人会产生一个错觉，那就是自己和大学里的同学是一个世界的人，但仔细想想就知道，这显然是不对的。

在上大学之前，你们来自五湖四海，有着完全不同的家庭情况、经济条件、社交圈子、道德标准、个人爱好、性别取向，等等等等。

在大学毕业之后，你们将要去到五湖四海，有着完全不同的工作、收入、社交圈子、性别取向，等等等等。

除了大学这几年，你们的人生原本就没有特别多的交集，这就像是两根交叉的直线，大学只是那个交集的点，那一点并不是永恒的。

甚至实际上，大家在一起成为同学并不是因为缘分，而是因为高考分，大家只是恰恰好都被这个分数给筛选到了一起，顶多是学习能力差不多。

当然有能长长久久在一起的情侣，这也很好，特别让人羡慕。

但大概率上，大部分大学情侣一开始就是有缘无分的，因为很多时候大家根本就不是一个世界的人。

第二，基于第一点，可以衍生出来，因为大家只是因为小概率被筛选到一起的，所以其实大家的选择自由度是很低的。

在大学里看似选择余地大，同学、校友、室友之类的，实际上你的选择很少。

因为学校那点事儿跟过家家一样，根本没法真正区分人和人的能力，顶多区分人和人的体力。

况且就连人和人的体质都不能一概而论，我就曾在极度愤怒的情况下，一个月恰了一大拨甲方。

在人和人之间还没有表现出过大的差距的时候找对象，这本身就是刮刮乐行为，玩的就是一个随机数。

谁也不知道自己的另一半在未来是一飞冲天还是原地修仙。

并且，校园恋爱的筛选标准和评价体系，都是很简单的。

长相、才艺、学习成绩、唱跳 RAP 和打篮球，这些都可以成为一个学生有魅力的理由。

而且大家往往不会想太多，可能就是一瞬间的心动，就可以交往了。

这种爱情当然是很美好的，能够拥有这样的回忆确实是一种幸运。

但爱情的本质是交易，冲动只能一时，不匹配终究不能一世。

如果不考虑现实，最后的结局未必会是 happy ending（幸福的结局）。

当大家踏入社会之后，天天被毒打，会变得特别现实。

这时候，因为心动和冲动形成的美好校园爱情，就会面临极大的不确定性。

第三，社会的高烈度战场以及极度的现实，会让人出现预期落空。

这里的现实不单是在说物质，当然经济因素也很重要，然而在经济因素之外，还有很多非常重要，但是在学校里却看不出的东西。

比如人身上最重要的那些品质：面对困境时的韧性，在诱惑面前的自制力，绝境时的情义。

这些东西在大学里的时候都是很难看出来的，因为在学校根本遇不到什么真正的考验，撑破天也就是考试作弊被抓，月底生活费没了吃土，学习成绩不行考研无望，等等。

相比于社会竞争的残酷，这点事情和闹一样。

并且，社会的评价体系和大学完全不同，学校里引以为傲的一切，很可能在社会上啥也不是。

大学只是新手村，社会才是魔王塔。

到了社会上你会发现，人和人之间的差距比人和狗之间的差距都要大。

随便举个例子，假如你是女孩，曾经非常能带给你安全感、好像无所不能、特别受同学尊敬、擅长打篮球、可能还是学生干部的男神，变成了公司里的底层员工，每天被领导骂。

回到你们合租的 15 平方米小房间以后，还跟你喋喋不休抱怨个不停，甚至迁怒于你。

来例假的时候你拧着眉头默默忍痛，听着他破口大骂部门主管怎么给他穿小鞋，你忍不住觉得他就是个只会抱怨的废物。

曾经在球场上帅气逼人、让你的舍友羡慕得淌口水的小奶狗学弟，自从工作后就开始被生活压断了腰。

老板给点钱恨不得直接榨干他，有修福报的病，却不一定有福报工资的命，那点收入在大城市根本看不到希望。

白天被工作弄得死去活来，晚上回来躺在床上只想玩手机。

更别说一夜十次了，一月一次就不错了。

头发乱得像鸡窝，因为没时间运动而且天天吃外卖而青年发福，才二十多岁就有了浑圆的肚子。

你发现自己喜欢的并不是那个人，而是曾经他身上发出的光。

而从男孩的视角来看，过去温温柔柔的女朋友现在天天嘟嘟囔囔，自己已经为了生活竭尽全力了，领导不当人，自己能怎么办。

一天下来自己累得都要昏厥过去，还要强打精神来讨好别人，自己是人不是狗，就算是狗，狗也比自己过得开心快乐。

天天问他什么时候买房，烦不烦，要是买得起能不买吗？

钱哪有这么好赚。

现在，自己想要安安心心地打局游戏怎么就这么难。

双方都会觉得对方变了，这不是势利或者肤浅，而是一种预期落空的打击感。

我本来以为你是这样的，没想到你变了，或者你根本不是这样的，这种感觉是非常让人难以接受的，这不光是对配偶的否定，更是对从前的自己的否定，是在全盘推翻自己曾经笃定的筛选标准和评价体系。

你恨的不是他，是过去的自己。

而正当你预期落空的时候，你进入到了第四点：社会上的选择余地更大。

走上社会以后，我们的选择余地会大很多。

大学恋爱的选择范围基本上就是同龄人，对方一般也是学生，同质化其实很严重。

到了社会上，人可以接触到大量完全不同的人，并且可以进行身份上的错位配对，女学生配职场精英，男学生给女朋友过六十大寿都很正常。

很多选项其实你不一定喜欢，也不一定真的会去尝试。

但是出现了更多的选择，就意味着你会把之前的选择拿出来做对比。

这个世界最怕的就是对比和选择。

第五，有一说一，确实社会上看到的人会更优秀。

社会是个大筛子，会把那些真正有价值、有魅力的人筛选出来，展现在你面前。

为什么社会上的人更优秀？其实是因为那些不优秀的人你根本看不见，或者说其实你看见了，但是根本没去注意他们。

只要通不过筛选，就会跌落底层默默无闻，能通过筛选、最终被你看到的人，都是有长处的，这种长处对短处的打击，很容易让人变心。

人只会看到更优秀的人，这是本能。

那些没能通过筛子的人，他们可能也是你的同龄人，也和你生活在同一个城市，但是你对他们视而不见，并不会把他们纳入到你的择偶考虑范围内，对你来说他们都是不存在的。

这个标准对于女生而言是相貌身材，对于男生而言是事业金钱。

很多人说这个社会歧视女性，但同时这个社会也歧视男性，无非是歧视的地方不同而已。

那些更优秀的人的存在本身，就是对你的恋爱关系的一种伤害，因为你的对象只会拿他能看到的最优秀的那几个人和你做对比，自然是越看你越不顺眼。

就像很多人看到我之后，回头再看自己的男朋友，怎么看怎么不顺眼。对此，本杭州吴彦祖表示理解。

当然，很多人不会意识到其实自己也就那样，也不会意识到这种对比没啥意义。

现实就是情侣分手，不需要看上别人，只需要看不上你就可以了。

大学的环境很宽容，没有进行这么残酷的筛选，但社会不会管你的想法。

如果你的投胎技巧不够逆天，那么你就要被社会筛选。

不够优秀就没有选择权，自然界如此，人类社会也是如此。

毕竟人类，也是一种动物，而择偶，很多时候动物性会起很大的作用，这个不分男女。

第六，成长需要时间，但是很多时候世界没有给我们时间。

社会毒打很痛，但也可以让人成长，这需要时间。

比方说处理问题的能力，表面上是个人能力问题，其实就是一个试错问题。

每个擅长解决问题的人，背后都是踩过无数的坑和雷，交了无数的学费。

你看到他今天淡定自若的样子，没见过他过去狼狈痛苦的时候。

再比如说照顾人，表面上是生活习惯问题，其实是一个情商问题。

绝大部分男生天生都是不会照顾人的，如果你遇到了一个特别贴心、特别会照顾你的男人，那么你要知道，他曾经被另外一个女人教过，这个人已经不在他身边了，他忘不了这个人。

当你遇上他的时候，你会觉得自己身边的同龄人真的很幼稚，甚至很烦人。

你会觉得你身边的那个人各方面都输了，只是因为来得早而已。

就像当年《蜗居》里的小贝和海藻，走上社会以后他们见到的每个人、遇到的每件事，可能看起来和他们的爱情无关，但都会变成对他们爱情的考验。

外部有锄头，内部还在不断地自己产生摩擦和裂痕，爱情怎么还能留得住呢。

当然，世界是在不断变化的，走上社会以后大家也会努力去改变自己。

但问题是，在你蜕变成功之前，你们的大学恋情可能就已经 game over（游戏结束）了。

不要怪别人为什么不等你蜕变，大家都是要考虑时间成本和机会成本的。

大家都会倾向于选择当前更好的那个，而不是寄希望于现在这个以后会变得更好。

落袋为安，这也是人类的本能。

而有趣的是，磨炼后的你大概率会成为下一个人的偷心人。

这是一种轮回。

最后，很多时候拆散情侣的还会有一些不确定性因素。

对方以后在哪个城市定居，干什么工作，忙不忙，是 996 还是 007，这些在学校里都是很模糊的概念，充满不确定性。

在大学，恋爱的时候不会去考虑这么多，也没办法去考虑这些因素，因为一切都还是未知数，而且在父母生活费的供给下，这些似乎也不是问题。

踏入社会后，人也会更加现实，会考虑对方的家境、家风、父母职业和性格等等。而一般在大学谈恋爱的时候，这些东西都是不怎么考虑的，只要你喜欢那个人就好了。

然而走上社会以后你会发现大家根本不是一类人，进同一个大学只是因为高考成绩在同一条水平线。

但是有的人的爹妈就是更给力一点，有的人的爹妈不但帮不上忙还会拖后腿。

有的人有很强的特长和能力，只不过高考不考这个；有的人高考考得好就是人生唯一的高光时刻。

这些东西因为不属于高考的评价体系，所以你们可以在同一个大学相遇。

但面临婚姻，这都是问题。

当你离开校园，就会忽然发现世界并不是你想象的那么平等。

或者说，有的人就是天生比其他人更平等。

这时候你心里的天平，就难以配平，这爱人，不要也罢。

这真是社会学永动机。

虽然说了这么多大学恋爱存在的问题，但是如果你在大学的时候遇到自己真心喜欢的那个人，也不必因为这些而抗拒爱情的到来。

恋爱就像狗熊在玉米地里掰苞米，并不是越往后就会越好的，更可能你永远也不知道哪一个才是最好的。

时过境迁，人的想法也在变化，好与不好本身就是相对的。

不到人生咽气最后一刻，谁又能知道什么样的选择才不会后悔？

虽然大学恋爱容易无疾而终，但是那又如何？

去享受每份当前的甜蜜就好了。

有时候蝴蝶翅膀虽硬了，却永远失去了挑战那片沧海的机会，也是一种意难平。

人生不如意十之八九，活在当下，未必不是一种大智慧。

关于婚姻的风险评估

我会从交易思维的角度来帮大家拆解一下婚姻这件事情。在开始之前，我提前说一件事情，我们分析策略的时候，一向是只谈利弊，不谈感情的。

因为感情主观性太强，没法定量定性，谁爱谁不爱，谁爱谁多一点，爱谁谁，我又不是你们谁的谁，我怎么会知道。

连法律都很清楚感情这东西没法界定，只有财产和责任才比较实在，所以婚姻法只有跟财产和抚养权有关的内容，小夫妻自己的私房事儿别来给法治社会浪费资源。

至于那些天天给你讲感情心得体会的大师，都是在用一堆看似正确但无用的废话从你们手里搞钱，君不见各种情感网红自己的家里各种感情纠纷一点都不见少。

唯一有点用的东西就是教你离婚的时候怎么从另一半手里争取你应得的经济补偿。

感情是没有标准答案的，但是交易有，所以今天我们用交易思维和逻辑拆解婚姻。

在我看来，恋爱这件事情本身其实是无所谓利弊的，青年男女王八看绿豆对上眼了干柴烈火没羞没臊很正常，毕竟男女恋爱关系如果不涉及金钱诈骗，没有严格意义上的谁吃亏谁享福。

而且恋爱的成本比较低，大不了分手嘛，难受个几天就发现还是游戏好玩儿、B站好刷。

我年轻时候失恋,还没难过几个小时呢,就有大佬带我刷副本,我立刻就忘记了自己谈过恋爱这件事儿,快乐地在游戏里玩耍。

婚姻与恋爱不同,婚姻的成本太高了,离婚是非常麻烦的一件事情,尤其是牵涉了财产和小孩的婚姻,复杂到头秃。

如果你不信,建议你打开中国裁判文书网,查各种离婚的案件判决书,各种小说都不敢写的东西这里面应有尽有。

所以,结婚一定要谨慎,一定要非常严肃地权衡利弊,毕竟牵涉两个家庭的合并。

你就是和人搭伙做生意,也要把对方的家底都打听清楚,对吧?

不然你被人坑了能怪谁?只能怪你当时脑子进水,现在水成了眼泪,你只能和着后悔药一起吞下去。

面对婚姻,就是要有做交易的心态,要有明确的等价交换以及条件匹配度的概念。

资产只是其中很小的一个维度,不要一提到结婚张口就是门当户对。婚姻不是小朋友算加减法,这是一个非常严肃的动态博弈,需要大胆假设,小心论证。

这样在翻车的时候,你才能心里好受一点。

评估婚姻的第一步,是正确认识你自己。

很多人最大的问题就是对自己的情况没点数。

自己条件差得不行,还自我感觉良好,对别人挑三拣四一堆要求。

常见于各种男生自己又穷又邋遢,但是要求女方肤白、貌美、三从四德。

各种女生自己条件一般,但是要求男方180厘米、180平方米。

建议先自己照照镜子,问问配钥匙的人自己配不配。

在这种情况下无法配对才是正常行为,毕竟人家是来结婚的,不是来行善的。

这要是真能结成，那就更吓人了。

你想想看，你花 300 块在地摊上买到了一辆核动力跑车，你敢开着这车去秋名山飙车吗？现在墓地这么贵，你考虑过钱包的感受吗？

任何价值不对等的交易背后，都有各种隐形陷阱和看不见的代价。

男的要小心接盘，女的要小心彩婚。

别以为自己可以白白占便宜，就算天上真的掉馅饼了，馅饼从平流层掉下来要么直接汽化，要么这种无坚不摧的馅饼能把你脑袋砸到屁股的位置。

出来混，迟早要还的。

那么问题来了，如何评估自己条件好？

很简单，评估自己身上的利他属性，强调一下，是利他属性。

有钱，有车，有房，长得漂亮，年轻，工作稳定，身体超棒，有足够的时间照顾家人，等等等等，这些东西能让对方爽，才叫利他属性，才叫条件好。

至于什么热爱摄影，热爱生活，热爱烘焙，热爱美食，热爱旅游，热爱艺术，潮流时尚，这些东西算哪门子条件好，这是自己爽，是利己属性。

利己属性在婚姻匹配中没有任何价值，很多人全身上下都是利己属性还以为自己条件好呢。

记住，看清别人的前提，是先看清你自己。

老老实实，把自己所有可能的、能为对方提供价值的条件都罗列下来，然后有针对性地评估对方身上有利于自己的条件，一条一条地罗列下来，然后画线比较。

消消乐玩过吧？差不多一个道理。

不要觉得不好意思，也不要觉得羞耻，为了最终达到利己的目的，就是要好好钻研和训练自己身上的利他属性，这不矛盾。

聪明的男孩子追逐事业和金钱，聪明的女孩子不仅追逐事业，还钻研打扮和锻炼，这些从本质上都是属于打造自己的利他属性。所谓的核心竞争力，就是利他属性。

当你画线计算之后，很多困惑的问题就迎刃而解了。

你会发现不谈恋爱，屁事没有！

另外，鉴于很多人对于自身的价值无法正确认知，建议多找几个媒人，让他们帮你介绍相亲对象。

多数时候，在媒人眼中给你匹配的配偶的段位，就是你在别人眼中的真实价值，因为媒人们介绍的目的是提高匹配成功率，根据他们过去的经验，会给你介绍成功率最高的。

如果你觉得媒人给你介绍的不好，那别怪媒人，怪你自己。

别人眼中的你，才是你真实的价值。

自嗨虽然爽，但是没有意义。

评估婚姻的第二步，是陌生人筛选。

这一步其实主要是应用于相亲场景，本身对于对方的情况、人品是未知的，大家没有感情，需要从 0 开始，这个 "0"，是 "0，1，2，3，4，5，6" 的 "0"。

相亲场景的第一步，就是看出身。必须看出身，对比男女双方工作、学历、收入、身体状况以及家庭条件等各项硬指标，不合适的就直接不要浪费时间，对双方都好。

为什么？

因为你们双方都是未知状态，需要付出时间、精力、感情来磨合，需要投入成本，所以快速筛选掉硬条件不合适的，不要浪费彼此的时间、精力。这其实是一种高效的行为，这年头大家都这么忙，有这个工夫刷 B 站不香吗？

而且从概率上讲，经济条件相当的人，能在三观上相对一致的可能性会越高，因为大家都是在差不多的环境里成长的。道理不复杂，对吧？

这就像为什么很多大公司招应届生的时候非常看重学历。是说高学历一定完美，低学历一定不好吗？只不过从概率上讲，高学历的人能力更强的概率相对更高而已，毕竟已经被高考筛过一次了。

所以，从节约成本、提高效率角度，用学历筛选应届生并无不妥。注意，这里说的是应届生。对于工作很多年的人来说，学历就不重要了，主要看履历和项目经验，因为社会已经筛选过了。

所以在相亲前，用家庭条件来筛选一遍，同样属于节约成本，提高效率。

注意，这里我们说的是基于相亲前，双方本身不认识的情况。如果本身是认识的，那这条作废。

评估婚姻第三步，筛选主观因素，排雷。

这个主要应用于你们已经恋爱了，已经对对方有了清晰的认知，需要选择是否走入爱情的坟墓。

看到这里你肯定有疑惑，我明明说不谈主观因素，怎么又谈了呢？

很简单，主观 Say Yes（认同）的东西，没法谈。

我教给你的，是主观 Say No（不认同）的东西，也就是某些明确的坑，一旦出现，婚也别结了，抓紧跑，最好打车跑，有条件的坐火箭也可以。

很多事情明明分手就能解决，但是总有不信邪的人闹到离婚，就太难看了。

人类唯一能吸取的教训就是人类从来不吸取任何教训。

这些条件中有如下任何一条，都建议直接分手，不分男女。

第一，异性关系不清不楚，存在暧昧不清的行为，这种行为受限于身高差异，可以被分为中央空调和地暖两种。

为什么要分手呢？因为我们都知道温暖的气候有利于植物生长，光合作用更是绿色的源泉，建议如果不是情感上的"环保爱好者"，还是保持距离。

第二，涉及负面爱好，尤其是经典的老三样。这些东西沾了就戒不掉的，一旦对方出现这种倾向，不要犹豫，立马划清界限。

不要可怜他，你要可怜可怜你爸妈，二老辛苦一辈子，最后被你给拖下水。哼，你这个逆子。

第三，暴力倾向。一个爱你的人是没法做到对你动手的，一旦出现暴力倾向，请立刻分手，动手只有 0 次和无数次，因为潜意识里对方没有把你当作最珍贵的人，所以才对你动手。

不然怎么发狠不冲着自己来呢？

但凡冲着配偶使劲儿的都属于比较差劲的那种。

第四，双标严重，对自己人重拳出击毫不客气，对外唯唯诺诺客客气气，这个属于典型的内战内行外战外行，对外圣母对内亲爹。

这种人建议离远一点，婚姻本质上是夫妻携手对抗世界的不确定性，这种拖后腿的"猪队友"不赶紧踢了留着在家天天播放《爱的供养》吗？

第五，有心理缺陷，心理脆弱，触碰到某些话题的时候会情绪失控，大喊大叫或者崩溃或者出现自残等倾向。

这个问题同样非常严重，心理问题带来的结果是，婚姻生活中任何一点点事情都有可能带来非常大的麻烦。而且心理缺陷只要存在，永远都无法解决，只有出问题和过段时间出问题的区别。

对方需要的是完善的心理干预和引导，你一味地同情心发作，其实是在耽误人家治疗。

发现了吗？我没有提钱。

因为我觉得钱很重要，但并不是否决一个人的条件，钱没有可以再赚，但是很多人品和性格缺点是永远也弥补不了的。

谈恋爱可以 open（包容）一些，不太计较。

但是结婚不行，结婚一定要先小人，后君子。

不要去想着凑合，更不要想着以后会好。很多人觉得恋爱时解决不了的问题，结婚就能解决，这是愚蠢的。

婚姻是从来不能解决任何问题的，朋友。

那么如何试探出这些问题呢？

很简单，同居。

评估婚姻第四步，同居。

这是验证婚姻可行性的重要方法。

一起生活至少一年，以确认能否容忍对方的各种习惯，保证双方的充分磨合。

你要意识到的是，结婚代表的是你以后每一天都会见到对方，你的人生和对方是绑定的，对方的每一个习惯你都要去容忍和磨合，而且是忍一辈子。

所以，对方如果有什么你不能接受的习惯，你要抓紧分手，别浪费大家时间。

很多人觉得未婚同居不太好，朋友，同居的目的是奔着结婚去的，不是说让你谈个恋爱就同居，频繁搬家是很麻烦的。

只有在你觉得这人已经可以托付了，才开启同居。

同居的价值在于，双方的缺点彻底暴露，看看彼此能不能容忍。

能容忍，大家走下一步。

不能容忍，大家好聚好散，让爱情早死早超生。

你去超市买点食物还想着能不能试吃呢，你去商场买衣服、买鞋还知道试穿呢，公司招个人还要试用期呢，怎么到了人生的婚姻大事儿就不知道要先试一试了？

这是对你自己的人生负责啊，朋友。

还有一种说法是，婚前同居伤风败俗。所以你是觉得那点旧风俗比你的人生更重要，对吧？那其实你不需要提问题，因为当地风俗都给你定好了，你按照这个来就行了。

不敢反抗，那就学会享受就好了。

都是成年人了，要学会为自己的决定承担代价。

当然，如果同居实在是不现实，那尽量多争取一起出去旅游，住一起的那种。旅行也是很能见人品的，起码可以防范掉一些很明显的坑，如果旅游频率足够高，也还是能发现一些问题的。

在这个点上切记，千万不要勉强自己，该拒绝就是要拒绝，不要把分手就能止损的事情搞到离婚才能解决。

而且，不管是恋爱，还是旅游，还是同居，避孕措施一定、一定、一定要做好。

不是说什么伤风败俗，而是让你拥有拒绝的选择权。

一旦怀孕，不管对男方还是对女方，都等于提前终结了自己的选择权，因为不论是堕胎还是奉子成婚，代价都是高于普通分手的。

孩子一旦生出来了，你就得养，难道还能给塞回去吗？

拒绝提前怀孕是风险的底线，很多为了一时快感玩出了小生命，最后奉子成婚又互相嫌弃的人，要我说，活该。

这是在为自己的冲动和愚蠢买单。

不管是男孩还是女孩，都要想清楚这一点，有孩子之后就没有选择权了，一定要在事前拦住一切。

如果对方各种不同意，那么很简单，要么对方把自己的快感看得比天大，要么对方期望使用孩子来逼婚。

不管是哪一种，对方都已经把自己的诉求凌驾于你们双方的利益之上了，这属于原则性的人品缺陷了。

这种自私的人之后在人生中惹出的幺蛾子还不知道会有多少，建议用加农炮送上太阳。

评估婚姻第五步，双方家庭的摩擦率计算。

当真正面临婚姻的时候，我们还需要考虑家庭的契合程度。

不管你是否认可，婚姻都是一件复杂的事情，因为牵涉到了两个家庭的资源整合。

这就像两家公司要合并，为了不出现事后的纠纷，一定要事前把所有东西厘清。

不要嫌麻烦，这其实是为了双方好，毕竟谁结婚都不是冲着离婚去的。

结婚就和做生意一样，先小人，后君子，才是办事的态度。

先君子，后小人，那是"割韭菜"诈骗。

很多人所谓的门当户对，其实就是非常赤裸裸地比较双方的家庭资源。

家庭资源很重要，但不是最重要的。

结婚，夫妻和双方家庭合得来才是最重要的。

合得来这件事情本身，背后的影响因素是很多的。

合得来是最大的门槛，尤其是双方家庭的合得来。

再真挚的感情，也扛不住双方家庭的长期摩擦，因为夫妻永远无法摆脱原生家庭的影响，毕竟从小养到大，不可能真的抛开原生家庭不管的。

不管你主观怎么想，只要客观事实上抛不开，那么家庭摩擦就能干掉一切所谓的情比金坚。

面对一件事情的时候，男方家意见向左，女方家意见向右，即使有一方妥协，最终暗痕也会留下。

大多数时候干掉夫妻感情的不是什么大难临头，而是鸡零狗碎柴米油盐以及失去新鲜感,最终一件小事儿引爆掉了所有平时压抑的不满。

所以我提出了一个家庭摩擦率的概念。家庭摩擦率,是衡量家庭匹配度的重要标准。

注意,我并不认可家庭条件是家庭摩擦率唯一要素这种事情,更不是说什么穷人和富人不配这种事情。婚姻中所谓的家庭摩擦率,更多的是反映双方家庭的互相尊重度。

家庭条件确实是影响互相尊重的重要因素,而非唯一因素。

计算家庭摩擦率的时候,首先要计算的是地理位置因素,这个很重要。

地理位置是指,夫妻双方原生家庭的位置对比以及夫妻新家庭位置的对比。

距离越远,因为原生家庭差异影响夫妻关系的可能性就越低,家庭摩擦率就越低。

例如男女双方,一家在北京,一家在广东,夫妻结婚后定居上海,那就是低家庭摩擦率,隔着电话,父母的影响力会下降很多,反正又没法顺着电话线出来打你。

这就叫距离产生美。

地理位置之外,家庭经济条件就来了。

这个不用多说,家庭条件越相近的,家庭摩擦率就越低。

这里的条件,不单纯指钱,而是全方位的比较。

例如双方家庭的职业,商人对教授,商人对公务员,医生对教师,等等。

例如双方资源的稳定性,公务员对事业单位,双职工对双职工,等等。

例如双方儿女数量,独生还是多生,在家中怎么排行,家庭资源怎么倾斜。

钱只是一个简化的标准,还有很多与钱无关的东西。

除了地理和经济条件之外，最重要的就是双方家庭的受教育程度、风俗习惯以及素养。

简单来说，就是双方家庭的三观是否契合。

假使双方经济条件差距不小，但双方家庭的受教育程度对等，父母三观也很相似，那其实完全有可能越过其他原因直接喜结连理的，钱哪家多掏一些根本不是大问题。

至于所谓的彩礼习俗争执，房子加谁的名字，表面上看起来是钱的问题，但底层说穿了就是双方家庭三观无法达成一致，总有一方要占便宜。

三观越契合，家庭摩擦率就越低。

婚姻最重要的是夫妻双方，以及双方家庭的互相尊重。

人只会尊重内心认可的势均力敌的人。

地理位置、家庭条件、家庭三观，是最重要的衡量标准。

你们发现了吗，其实钱是最低线的标准，只有在什么都匹配不上的时候，才会拿钱说事儿。

一旦拿钱说事儿了，这个事情其实就已经麻烦了。婚姻很需要钱，但婚姻绝不只是钱的事情。

刻意把复杂的问题简单化，其实是在给自己今后的生活挖坑。

我觉得如果所有人都从家庭摩擦率和合适度的角度去理解婚姻这件事情，其实大家都可以过得更加开心一些、高效一些。

这其实就是很简单的分析利弊，再搭配同居来提高容错率和二次校验，最终试图降低婚姻失败的概率。

有人说怎么结个婚和打仗一样。

对，结婚，就是打仗。

你是在为你自己的幸福来战斗。

还有人说，这么算计有意思吗？

有意思，而且有意义。

爱情是非常脆弱的，为了保护爱情，你需要用尽全力去计算，去维护，去付出。

你连这点计算都不敢算，你凭什么保护爱情？你有什么资格保护爱情？

我自己就是严格按照这套逻辑来操作的，我和我老婆同居了三年才结婚，感情一直很好，我自己实践的这套逻辑是非常有效的。

我知道现实生活中很多人有很多的逼不得已，很多婚姻不是自己选择的，例如现实逼迫，例如家里安排。

那其实也要想清楚，如果婚姻不是自己选择的，要么你不接受，要么你接受了之后出问题不要怪婚姻，因为你其实是拿婚姻自主选择的机会去交换了其他的资源，你已经做出了你的选择。

肯定还有人说按我这套方法评估下来，能结婚的情况都不多了，因为大多数时候都是无法配平的。

朋友，这其实对也不对，对是因为确实很难遇到资源百分百配平的情况。但不对的是，你可以自己主动去扩大交际圈，增大筛选基数，去和不同的异性接触，只要你是在明确自身需求和条件的前提下去主动接触，最终找到合适的配偶的可能性是不低的。

爱情不会从天而降，有时候还是要主动一点去追逐，哪怕失败了呢。

而且吧，如果这种关乎自己一生幸福的事情都不敢放开去追逐、去拼搏，那我有理由怀疑，你其实对你自己的人生无所谓。

也没关系，反正社会的毒打多种多样，婚姻只是人生的一小部分，爱情只是人生的奢侈品。

混，也是一种生活态度。

不过我还是建议大家努力一下，哪怕证明了自己确实很菜，也能死得明白点，不是吗？

彩礼问题的核心矛盾与现实

彩礼可以说是当代婚姻的一大难题，一提到彩礼，男孩愤怒，女孩委屈，大家都有无数的口水想要喷。

一边是金钱，一边是爱情。

小孩子才做选择，成年人全都要，而真正的社会人其实无所谓，因为知道自己大概率啥都捞不着。

彩礼问题很讨厌，但其原理并不复杂，甚至可以说是非常清晰的。

注意，简单、直接、清晰不代表难度低，实际正因为彩礼的原因过于清晰，导致解决方案十分困难。

而且彩礼只是表象，彩礼背后体现的婚姻双方家庭的矛盾博弈才是真正的问题。

在我看来，彩礼问题的核心是四个矛盾，以及矛盾背后存在的价值观差异。

第一个矛盾，是价值对等矛盾。

为什么彩礼会成为一个普遍性的问题？因为婚姻是生意，彩礼是讨价还价。

我知道爱情不是，但是婚姻确实是生意。

婚姻本质上是两个家庭协商注资出一个新家庭的生意。

所以为什么婚姻是爱情的坟墓？因为美好的感觉被拿来讨价还价，这还怎么美好得起来？

如果我们把婚姻定义为生意，既然是讨价还价，那就一定存在一个定价权的问题。

彩礼的第一个核心矛盾，是定价权和估值标准之争。

更简单直接一点，其实和菜市场买菜砍价是一样的道理，你觉得卖便宜了，他觉得买贵了，所以才有口水战。

如果是对等的利益交换，其实双方都不太会有很大的意见。

一方出××元彩礼，一方出××元嫁妆，首付一人一半，双方把钱都给小两口，双方家庭以母公司入股的形式注资，这时候大家往往不太会有矛盾，出了旗鼓相当的钱，自然就没有问题了。

即使双方在这个过程中有一方稍微吃点亏，往往也不会太计较，毕竟爱情多少还是能压制住一笔不大的金钱诱惑的。

因为大家出了一样的钱，所以不存在需要估值的情况。当大家因为彩礼闹起来的时候，一定是一方觉得自己吃大亏了，要被"割韭菜"了，也就是所谓的估值矛盾。

我研究了一下目前关于彩礼的几个典型场景。

一种是，男性觉得这个彩礼钱是白白给女方家里了，这笔钱并没有有来有回，而是"消费"了，这也是所谓"卖女儿"说法的根源。

一方支付了价格，另一方没有给到金钱反馈，而是提供了产品，说是"消费"是存在合理性的。

注意，有合理性不代表正确，这是两个维度的事情。

996还有合理性呢，能代表996正确吗？

一种是女方有嫁妆反馈，但是这个反馈和男方彩礼的支出价格是不对等的，而且不对等的幅度比较大，大概是天顶星人对山顶洞人的水平。

这时候，能不能接受这个差价，就成了问题。

坦率地说，就是觉得对方值不值这个钱，自己能不能掏得起这个钱，或者掏出这个钱的代价是不是高出了对方的价值。

遗憾的是，但凡能闹起来的，本质上就是觉得不值。

注意哟，这里的值不值，是完全取决于双方的主观价值观碰撞，和真实价值无关，也没有公允的评估场景。

对一个人的真实公允价值的衡量其实是市场行为，市场上有很多场景会给出估值，例如职场。

彩礼的衡量标准其实取决于双方日常的感情基础以及主观沟通。

能被彩礼弄到难看得不行的，大多数都是双方本身就存在沟通问题，或者双方本身三观就是不一致的，只是最终在资产并购的最后一步弄崩了而已。

所以你看，被彩礼弄崩的爱情，其实证明了爱情的含量根本不够。

兴奋剂里一滴尿都没有。

明明就是生意，非得弄得像爱情一样，多尴尬。

当然严格来说，这不是坏事儿，这其实是好事儿。

毕竟能用分手解决的问题，不要闹到离婚那么麻烦。

大家千万不要觉得硬着头皮结婚就好了，结婚后的麻烦只会更多。婚姻从来只能产生问题，不能解决问题。

看看现在的离婚率就知道了。

甭管是男方家里不当人还是女方家里不当人，大家只要在这个节点出现了分歧，交易就不该继续下去。

两个母公司在合资的时候都因为股权闹得不愉快，你还能指望合资公司好好发展吗？

或许你看到这里会产生一个感觉，那就是彩礼问题归根究底就是钱不够。

这属于正确的废话，这个世界上 99.999% 的问题都是可以用钱解决的，但钱从哪里来是要比这些问题更难的问题。

另外，如果非得说金钱是一切的答案，那其实投胎才是一切的终极答案，毕竟金钱不能解决所有的问题，但是投胎可以，因为投胎是直接解决遇到问题的人。

任何时候，只要你敢拔电源，立刻就能爱谁谁。

第二个矛盾，是男女地位的矛盾。

为什么都要结婚了，还要为彩礼这笔钱争来争去？

上面我们说了是因为估值谈不拢，那么估值的更底层是什么？为什么大家对于估值的认知会产生这么大的分歧？

本质就是男女地位的不对等。

当男女所处的地位不对等的时候，对于估值的理解必然是不对等的。

说到地位，就涉及一个关键问题：婚姻中，到底谁更吃亏？

这个问题其实是开放性的，因为双方各有各的福利，各有各的吃亏。

男方的吃亏之处在于结婚时的各种投入，也就是会为小公司的注册承担成本。

女方的吃亏之处在于离婚时的社会束缚，也就是会为小公司的注销承担成本。

我们把视野再拔高一下，可以看到这个世界就是男女不平等的，这是一个客观事实。

不少女性对男人的要求就是金钱和能力，一个没有金钱和能力的男人，在很大程度上选择空间有限。

为什么这个社会很多人提剩女，但很少人提剩男？不是剩男不存在，而是因为很少有人在意金钱和能力不够的男人。

虽然这个社会对男人的金钱和能力要求极为严苛，但对女人获得金钱和能力的限制也是严苛的。

一个女人面对职场的时候，必然也是存在隐性歧视的。

同一个岗位，如果不是对稳定性和细心度有极高的要求，大概率是更倾向于要男人的，为什么？

因为女人最多可以当男人用，但是男人可以当牛马用啊。

就连正常加班，我和一个男同事彻夜加班，不太会有什么问题，但是我要和一个女同事彻夜加班，第二天就全是问题。

当然，现在这个年代，其实和男同事彻夜加班说不定也有问题，但肯定还是男的方便。

只看比例的话，大部分行业的关键岗位都是男性。

多说一句，怀孕对于女性职场生涯是致命打击。我当年刚参加工作的时候，身边有很多非常优秀的女孩子，但是她们中好几个都因为怀孕导致在关键节点与职场脱节被人替代，从此一蹶不振。

我眼睁睁看着她们从意气风发逐渐变得唯唯诺诺，我作为一个既得利益的男人都看不过去这种事情。

这不是什么女权，这是一种无奈的事实。

而那些对稳定性和细心度有要求的更倾向于女性的工作，本身待遇和权力都不太行，尤其是运营类和行政类。

就连打个《王者荣耀》都默认女玩家只擅长辅助，刻板印象最强的地方在于很多人都觉得自己不刻板。

另外，如果有女性以强人姿态快速升职，那么很多时候会遭受各种"这人是靠潜规则上位"的暧昧目光，这在职场是普遍现象。

所以说到男女歧视，这个世界要歧视是都歧视，只不过针对男女歧视的点不同。

回到婚姻这个场景，这种歧视更加明显。

一个男人只要有钱、有事业，社会对于他的两性关系以及婚姻的宽容度极高。同样是负面事件，对男明星的容忍度就是要比女明星高，高不止一个等级。另外出现意外，大家的标准也是不同的。

同样的事情发生在女明星身上，就是彻底无法翻身的灾难，粉丝不容你，品牌方也不容你，你出现的一切场合都有人给你羞辱。

这种对男性的宽容以及对女性的羞辱并非只是来自男性群体，很多时候也来自女性。

所以，对于男人而言，婚姻对他的束缚是低的；对女人而言，婚姻的束缚是巨高的。

一个女人如果不算事业，只算个人，最高的价值其实在结婚前，这是很不公平的。一旦结婚，这个女人就要被社会目光先打折。一旦离过婚，那么整个社会看她的眼光直接就不对了。如果还有个孩子，那就更不对了。

这和她的事业成不成功没有关系，这就是社会的偏见。就算她极度成功，她的个人生活也经常被拿来嚼舌头。甚至于在正常婚姻中女性不干家务，都要被嚼舌头。

这种歧视也并非单纯来自男人，很多女人嚼自己同性舌根子也多了去了。

我不去评价好坏，我只说这是事实。

基于这种事实性的地位矛盾，在婚姻场景中，即使双方对等付出，严格各出一半，其实女性在客观上也是吃亏的，这是基于当前的婚姻结构、男女差异以及社会歧视带来的事实。

女方家里只要不傻，势必对于占便宜是有需求的，毕竟谁都不愿意吃亏。

我不是说男人的青春不值钱，而是一段婚姻结束的时候，女人确实是吃了更多亏，不管是性别，还是生育，还是职业，还是社会舆论，所以她们以及背后的家庭想要婚前拿补偿，也就是彩礼。

我再次强调，合理不代表正确。

从这个角度看，就能解释为什么很多女方家庭的要价在男性眼中是不可理喻的。

一切不可理喻，归根究底是来自自己没有在其中获得利益。

虽然大家结婚都不是冲着离婚去的，但是考虑到现在的离婚率，多为自己考虑其实是金科玉律。

另外吧，即使男孩子理解了这些事情，也不代表自己会接受。

大家都理解老板要压榨自己的目的，但肯定是不接受的，用摸鱼来反抗。

"真香定律"和"口嫌体直"我能用半辈子。

第三个矛盾，小家庭关系和大家庭关系的矛盾。

这个矛盾其实被提起得不多，但我觉得这个矛盾非常重要。

我们都说恋爱是两个人的事情，婚姻是两个家庭的事情。

那么问题来了：小家庭和大家庭的关系，要怎么界定？

两家母公司都下了命令，且命令是对冲的，分公司到底要怎么执行？

讲白了，假如男女结婚组成了一个小家庭，那么他们和自己各自原生家庭的关系与自己小家庭的关系孰轻孰重？

这个没有正确答案，直接考验价值观。

彩礼就是第一个真正的考验。

你，到底和谁站在一起？这个其实非常重要。

有的男女直接私奔，那就是把小家庭凌驾于大家庭之上，他们不会遇到彩礼问题，因为大家都闹掰了。

但有可能会遇到现实问题，毕竟大家庭的存在是有遮风挡雨的效果的，面包和爱情大部分人都不敢说两全。

有的男女，那就是男的妈宝、女的没主见，干脆让双方父母斗法谈钱。那男孩女孩有感情，双方父母可没感情，大家可不就是谈交易嘛。

然后谈不开心之后，再给自己孩子抱怨，弄得孩子也不开心，开始怀疑感情，最后大家完犊子。

也有的男女会背叛自己大家庭的利益，全心全意投入到小家庭，这种操作看似伟大，但从商业经营的角度，并不是利益最大化的选择，因为这要建立在对方也要和自己一样付出的前提下。

你把小家当成一切的前提一定是对方也要把小家当成一切，一旦对方不当人，那么你就满盘皆输。

那么问题来了：你到底要不要相信对方，要不要相信人性？

所以彩礼就成了一种囚徒博弈，谁不当人，谁虽然不会赢，但一定不会输。

所以大家都开始一边自己不当人，一边指责对方不当人。

另外有一说一，现实是，假如一个女孩不要彩礼，在某些父母眼中，其实就是倒贴。我说的是某些父母，这类父母是存在的，还不少，尤其是很多欠发达地区以及一些重男轻女的地区。

免费的东西，大家不会珍惜。

没有付出就得到的东西，大家就是不会珍惜啊。

这句话很残酷，真的很残酷，但这个现实也客观存在。

第四个矛盾，自由恋爱和宗族观念的矛盾。

这里的宗族观念分为两部分，第一部分是家庭内部男女不对等，第二部分是地方习俗以及宗族观念。

家庭内部很好解释，有一个专属的名词，叫作"扶弟魔"，针对的就是有的地方重男轻女，嫁女儿的核心目的就是要从对方家里弄来钱给自己儿子用。

宗族观念也很好解释，不同地方对于彩礼要不要、怎么要、要多少，其实是有很多约定俗成的规矩的，有的地方流行双方都不弄彩礼嫁妆，有的地方流行嫁妆不提彩礼给足，有的地方流行彩礼给多少，嫁妆加多少直接回礼，这些不一定是对的，但一定是契合当地的习俗的。

说到嫁妆加倍回礼这个,我有个朋友最近在疯狂借钱,因为他老丈人特别有钱,且他们那里的习俗就是彩礼给多少,嫁妆翻倍回礼,所以他打算弄个一千万直接赌一波财富自由。

再说回彩礼习俗,很多地域性的彩礼习俗和对错无关,只能说这套习俗自古传下来就是如此。

为什么过去没有这么多问题?

因为古代人口流动是没这么大的,夫妻双方大概率是同一地区的人,并且婚姻中父母包办的成分居多,所以针对这套习俗的挑战极少,大家都不用过多探讨,直接眼神行事就能办好。

而到了现代,主流已经是自由恋爱,外地上学、工作特别常见,人口流动特别大,跨区域婚姻比比皆是,这时,冲突就产生了。

很多彩礼冲突的重要背景,是婚姻双方来自不同的地域,针对彩礼这东西有不同的看法。

你说要十万,我们当地只要两万。

我可以给你十万,但是我们的规矩是给多少你们还一倍。

你们当地的陋习,凭什么要我认?

你那有习俗,我这也有习俗,凭啥要按照你的习俗来?

你是不是看不起我们那里的人?

然后就很容易成了地域冲突。我们都知道,地域冲突是无解的,不然地域黑也不可能如此经久不衰。

此时,又衍生出了一个问题,就是让步问题:谁愿意先让步受点委屈呢?

由于现在很多男女是独生子女,是宝贝,谁都不愿意迁就谁。

那就进一步加大了冲突。

谁将就谁呀?别逗了。

我的高贵你不配。

大不了不过了，爱谁谁。

于是，双方从家庭到夫妻都要开始炸裂了。

这看似是男女冲突，看似是家庭冲突，看似是地域冲突，但本质上是两种文化的冲突，所以很难很难调和。

因为在大家自己的眼中，自己根本就没有错误。

什么样的人最难说服？认为自己没错的人最难说服。更何况，你还真不能说他们谁对谁错，只能说就此别过。

这时候，我们再来看彩礼问题。

这是一个结合了囚徒博弈、价值交易、市场歧视乃至文化对立的复杂问题。

所以根本就是地狱级的。

这时候，又有了一个万能的答案：不谈恋爱，屁事没有。

分手也是一个技术活儿

1

在各种文艺场景中,恋爱总是被描绘得无比美好。

但这其实就和买家秀、卖家秀一样,看着别人好,自己用起来往往不是那么回事儿。

尤其是这个年代,大家谁不是家里的小公主、小王子,凭什么迁就你?

所以很多时候,养个宠物能解决的问题,就没必要专门找个人,毕竟很多人比狗还狗。

但现实中总有这么些被恋爱折磨得半死不活还苦苦不肯撒手的痴男怨女,耽误了别人,还祸害了自己。

还有一大堆层出不穷的我看着都嫌烦的分手费、青春损失费、耽误费等计算,男的女的都在算计,这是谈恋爱呢还是谈生意呢?就算是谈生意,能不能开发票?

要真这么经济思维,建议一开始就做好准备,先小人,后君子。不要完事儿了再来要钱,搞得和仙人跳一样。

好好的生意,不要搞得像爱情一样。

2

分手这事吧,说穿了还是和感情有关。感情是无法量化的,我怎么知道你们谁爱谁更多一点呢,对吧?婚姻法都只算财产呢。

所以这种时候,经济思维的优越性就体现出来,因为经济学跟谈恋爱一样,不论对错,只不过恋爱除了对错,其他的也不论,而经济学除了不论对错之外,还论利弊。

当然,谈恋爱本来就是不理性的,我们很难单纯地让各位痴男怨女套用个人利益最大化的原则,因此我们更多的是采用一种折中的方式,那就是"风险最小化"。

我们不说坑别人,我们只说保护自己。

有人说:不对啊,不是说爱一个人就应该无条件地对他好吗?

傻孩子,你不对她好,给她买包、买口红,那投钱写这种软文的人还怎么赚钱呀?

爱从来都是有条件的,是相互尊重的。

你怎么不把你那无条件的爱给自己爸妈呢?

如果还抱有"爱一个人就应该无条件对他好"这种自我满足的想法,请把钱捐给有需要的人。

钱在你手里也是浪费,请给它们自由。

3

在说恋爱分手的抉择前,我们要先排雷。

传统三件套,出轨、暴力、黄赌毒这些我们就不重复再提了,这些就是情感界的"714高炮",遇到就跑,晚了就凉。

传统三件套之后，我们还应该排除的，是"绝对理性人"。

尽管我们提倡在恋爱中运用"理性人"的概念做风险评估，但需要明确的一点是，我们首先最应该排斥的就是在恋爱中完整运用"理性人"概念，给自己做到收益最大化的人。

我不是说他们不好，我的意思是同行是冤家。

我们把"理性人"假设应用在恋爱中有两个基本原则需要强调：一是不以经济利益为首要目的；二是主要运用于分手前的情感评估、风险评估，而不是事事计较。

我并不建议在情感关系中一味地强调利益最大化。

感情这事本身就是一笔烂账，如果一个人能够在感情上真的做到纯粹利益最大化，那渣男/女无疑，跟他们谈恋爱不存在降低风险的可能。

此外，还有一种高风险人群，就是妈宝。

就我了解，所有的妈宝中，除了少数的童年缺陷影响产生的天然妈宝，其他的基本都是躲在老妈身后的极致利己主义者，不分男女。

跟这些妈宝谈恋爱，他妈在你们的关系中24小时无处不在，尽管你都不一定见过他妈，甚至他到底有没有妈都不一定。

但对妈宝来说，这个妈就是一个万能工具人，没事"我"做主，有事"我妈"说，堪称"薛定谔的妈"。

实质上，那些所谓的妈宝只是在关乎切身利益的时候，用他妈做了一个挡箭牌，挡住了全部的不利因素，做到了在0风险和高收益之间反复横跳，从而实现了收益最大化。

"我妈说，女孩子不能随便出去抛头露面。"

"我妈说，男孩子就该买房买车写我名字，哪用女孩子出钱。"

"我妈说，你爸妈留在身边也没用，让他们出完买房钱就回去吧。"

建议所有适龄青年都可以去做一下情感培训，遇到这种妈言妈语时，直接让他体会下汉语言的博大精深。

从今天起,你我都是妈宝掘墓人。

4

排除渣男、渣女和妈宝后,恭喜你,你遇到的虽然不一定是什么好菜,但起码吃了也死不了人。

从这里开始,咱们就要谈些比较玄学的感情因素了。

按照量化交易的标准,即便主观的东西,我们依然尽量用客观的方式来处理。

我们无法用利益最大化的方式来对待恋爱,因为恋爱中我们判断利益的单位不是"金钱",更烦人的是,恋爱中并没有单一的,或者说普世的标准作为依据。

如果说婚姻是两人组队对抗风险的经济学,恋爱就是一门基于荷尔蒙和多巴胺的纯玄学。

每个人对"爱情"的需求、定义、行为方式都有所不同,但我们只能够在各种不同间总结出一些共性的东西,为你规避风险。

由于恋爱相比婚姻而言,成本要低得多,大多数恋爱也不是婚姻的基础。

如果是的话,人均恋爱数应该小于或等于1,但现实怎么样,你们比我更清楚。

有鉴于此,我们对于恋爱分手的保底要求是,可以无益,但不能有害。

由此我们判断的标准更多的不是依据"增益"而是"损耗"。

当维持一段勉强的恋爱比分手的代价要高得多时,就应该分手。毕竟谁都不是出来做慈善的,年纪轻轻就想着给人当爹、当妈是一种心理变态。

在刨除你的对象是低层级有害生物之后,就该考虑几个因素。

如果我们把恋爱用交易的思维来处理，判断交易是否需要终止的唯一标准是成本与收益的平衡，判断收益能否覆盖成本，达成正向收益。如果增益≤0，那么就可以说再见了。

　　下面我们开始评估。

5

　　评估恋爱价值的第一步，是成本收益衡量模型。

　　首先，我们要将各种主观参数进行客观量化，明确对你而言重要的参数，弱化不重要的指标。

　　简单来说，就是归纳出那些对你而言关键的因素，然后量化。

　　常有人痛苦怒吼：她不喜欢我却喜欢那个处处不如我的垃圾，为什么！

　　为什么？因为你们各自的效用函数存在差异呗。

　　简单来说，萝卜白菜各有所爱。你对一个受虐狂千般爱护，不如别人给他一个巴掌管用，这找谁说理去？

　　扯远了，首先我们要把一段关系中的各种收益成本的相关因素量化，去除大部分无效指标。

　　比如在大部分感情中，"承诺"和"情话"就是最不重要的参考因素。什么"我会保护你一辈子，我要永远守护你，你是我最重要的人，我要为你对抗全世界"，醒醒，这世界可没人闲到天天揿着一个人来打。

　　在这个时代，情话张口就来，承诺这东西，不如欠条管用，起码欠条法院还会受理。这种情话一不花费任何成本，二没什么用，三等真的需要用的时候，你也不一定找得到人，基本作用等同于"下次一定"，信了你就成傻子了。

　　感情这东西，看不见，摸不着，过于抽象，我们要具体分析，就要把抽象的概念具象化。

比如我们把"陪伴""成长""忠诚""愉悦感""快乐""尊重""经济利益""生活便利""被爱的感觉""自信心"这些能给你带来愉悦感或者实际收益的东西称为"幸福指数",归入收益。

而把"浪费时间""经济支出""不必要的精力消耗""打击感""争吵的痛苦""无效沟通""恶意揣测"这些给你带来负面效果,需要耗费时间、精力及经济支出的东西称为"痛苦指数",归入成本。

给这些东西做一个评分卡,例如自信心 +5 分,浪费时间 -3 分云云,你随意按照自己的标准来打分就可以,因为这个是只属于你的,关键是要有评分卡。

更关键的是,要真实面对自己的内心,假如我是一个女孩子,我就是享受男孩子为我花钱,那就一定要在相关指标加权重。

假如我是一个男孩子,我就是喜欢高颜值大美女,那一定要加权重。

你可以骗所有人,但自我评估的时候,不能自己骗自己,反正这个打分也不会对外,对吧?

有了评分卡后,我们就建立了一个最简单的成本收益模型。

6

评估恋爱价值的第二步,是恋爱投产比的横向对比。

你个人的付出与收获的对比,如果有做过电商的朋友,你可以简单地理解成投产比,也就是我们常说的 ROI。

在恋爱的情况下,因为参数太多,我们取最简单的时间来做基础计量标准。

假设 5 个月的恋爱,合计 150 天,你用了 100 天,在哄人、忍让、道歉，让自己痛苦不堪。

这是投入。

50 天在开心快乐，不可描述。这是产出。

假设其中的单位效益相等，即一天的快乐跟一天的痛苦对等（我知道很复杂，别钻牛角尖）。

100 天的付出，50 的收益。

算下来 ROI 是 0.5，而我们的最低要求是 ROI 达到 1。

不让我做 1，那咱们这段关系就归 0。

虽然这话有点怪，但话怪理不怪。

讲道理嘛，不论你恋爱的目的是婚姻，还是单纯为了恋爱而恋爱，本质都是为了一个更好的状态。

不让我结婚，还不让我开心了？

不让我开心，那我就滚球了。

谈个恋爱又不是谁欠谁的，对吧？

如果这场恋爱的 ROI 大于 1，但是对比单身状态跟其他恋爱状态，其 ROI 小于这两者的 ROI 的话，也建议终止。

对收益的追求，应该越来越大；对风险的追求，应该是越来越小。

人没理由越活越回去。

如果你经过理性估算还是觉得要维持关系，那一定说明你前面的量化参数做得有问题，你还是矜持了。

7

评估恋爱价值第三步，是判断恋爱中的"供需平衡"。

除了投产比，还要考虑恋爱中的供需平衡。

恋爱中的供需，用买卖来形容不贴切，更准确的应该是交易。

双方共同付出，共同收获，以"时间""精力""陪伴"等作为交换等价物，各取所需。

这个平衡不一定是1∶1的绝对平衡，而是一个总体对等的动态平衡。

差值可以用感情来弥补。

在大多数情况下，稳定的恋爱关系都是动态平衡的。

毕竟吃亏这件事情大家都不喜欢。

如果双方的付出和得到不成比例，一方单方面付出，另一方单方面索取，这个平衡就会被打破。

供需不平衡，将带来地位不对等，地位不对等，也就意味着"舔狗"出现。

没有人想当"舔狗"，但总有人"舔"而不自知。

不论你投产比再高，在这段恋爱里获得了再多的幸福感，只要付出的成本远高于市场均价，依然是损失。

我给你买苹果的钱，你给我一个金立语音王，虽然比我以前的老人机好用，但这还是欺负人。

或许有人会问：这不就是那些渣男、渣女和妈宝吗？

不是的，这跟直接求财的渣男、渣女不一样，因为大部分恋爱中一方疯狂索取的深层诉求并不是钱，而是满足自己对于恋爱的一切不合理幻想。

简单来说，他们或许不一定渣，但是真的作。

从某种程度来说，作比渣更可怕，因为渣只是要钱，作可能要命。

典型的表现比如"安全感"，对伴侣的要求是：不许喝酒，不许和朋友出去玩，不许微信里有异性存在。

自己喝酒蹦迪一条龙，去了酒吧，经理一口一个"老板，好久没来"。

"爱我就要给我安全感啊！"

一味地强调"爱我就要包容我的全部"，用"安全感"绑架对方，这既是低幼也是双标。

我亲眼见过一个男生被女朋友作到精神崩溃，呼吸急促，当场在大马路上倒地不起，过了小半天才缓过来。

8

不管你认或不认，恋爱的本质是一场情感交易，原本可以是正和博弈，但总有人喜欢把它玩成零和博弈。

要安全感，建议可以去买份保险，而不是把对象当成保险柜。

那如果放任供需严重不平衡，会怎样呢？

当单一商品价格高于市场价格时，会引起其他商品价格的竞争性增长，导致增加消费者支出成本。

你巴结你女朋友，你女朋友的闺密有样学样，也要求她男朋友巴结，导致巴结常态化，对追求者而言恋爱成本普遍增高。

当商品价格普遍高于市场均衡价格时，商品会过剩。

当巴结成为一个常态化的现象时，那些不愿意巴结的追求者会放弃对恋爱的需求，从而导致那些原本可以不单身的人，因为缺乏追求者而被迫单身。

如果你们的恋爱供需严重失衡，那就意味着有一方处于弱势。

不论你是处于强势还是弱势，都建议放弃。

如果你是处于弱势的那个，那放弃也是很自然的选项。

如果你是处于强势的那个，那么你能获得强势的原因是什么？对方为何屈就于你？建议可以思考下这个终极问题。

9

评估恋爱价值的第四步，是预判分手成本。

如果已经走到分手这一步，还有一项你应该考虑的成本，那就是分手的成本。

我当然知道不是每个人分手之后都像我这样，出去蹦迪狂欢。

有的人分手，转个头就找别人。

有的人分手后当起朋友圈诗人，两年不带消停。

还有人分手之后发愤赚钱当起微商，最后赔得裤子都不剩。

有的人是快感追求型，有的人是痛苦回避型，分手对每个人而言意味着不同的成本，有的 0 成本，有的搭上命。

这时候就需要预判分手对你可能产生的成本。

你需要认真阅读上面内容，拿出评分卡，计算 ROI。

如果恋爱处于损耗状态，而分手成本低，可以直接分手，抓紧止损，这世界上好男人、好女人多的是。

如果恋爱处于损耗状态，而分手成本过高，那就需要想清楚，或者说用一种过渡式的方式处理。

当然，吊着不分手这种事情虽然收益大，但容易被雷劈，建议自重。

分手是一次性的交易，要快、准、狠。

交易完成后，生死各安天命，所以不要试探，要么不提，要么开弓没有回头箭。

那种进行试探，发现对方不挽留还要啐一口痰，骂一声"渣男/女"的行为，是弱智的表现。

分手就像离职，不要轻易地把"离职"两个字挂在嘴边，用作要挟加工资的手段。

你每次提离职都会在老板心里给你加一个"反骨仔"的标签。

反复横跳跳多了，赶上升职加薪没你的事情，要精简优化第一个想到你。

说分就分，既是尊重自己，也是尊重别人。

10

经济思维运用，是为了建立一段良性的、更适合自己的关系，尽量避免风险。

肯定少不了有人会问：不是说好真爱战胜一切吗？事事量化匹配，不冒任何风险，那还有什么真爱呢？

我倒想问一下，是谁给了你们这种真爱一定要被现实一顿吊打才能成仙的错觉？

爱情就是奢侈品，绝大多数人就是一辈子找不到真爱的。

我最讨厌一些空想主义者光灌鸡汤，不去认真执行。

总有人说什么每个人都是自由平等的灵魂，谈什么风险收益太俗。

这种自由而平等的灵魂常常在分手后无缝衔接地又搞起另一个灵魂。

追求真爱没错，但是规避风险同样没错。

错的是只想白占便宜、不想负责的心态。

是的，对自己负责也是一种负责，甚至可以说，对自己负责是最基本的责任心。

或许仍然很多人觉得感情的事情无法理性，觉得命中注定要追求真爱。

这当然是你的个人选择，如果你觉得"追求真爱"带来的自我满足，大于恋爱中的一切风险，那就尽管去做。

因为在你这里，主观感受带来的满足感大于客观收益，只要你把"自我满足"在参考指标中的比例调得足够大，世界上就没有你覆盖不住的风险。

毕竟爱情这件事情，只要你嘴巴够硬，永远可以化险为夷。

最后我还想多说几句。

尽管我们讨论的前提都是用一种量化的思维讨论感情，说得好像爱情在这个时代已经不存在了一样，但爱情是存在的，毫无疑问，只不过需要用心去找。

希望你们能遇到爱情，体验过爱与被爱。

在被现实的痛苦捶打之前，先体验过世间的美好。

心中有火，才能好好地跟这个世界战斗。

我很喜欢知乎上的一句话："情啊，爱啊，都是少不更事，但少不更事也不是什么坏事。"

做全职太太
有可能自毁人生

对于要不要做全职太太这个问题的答案,在我眼中非常简单直接,那就是不要。

对女孩子而言,成为全职太太是一件风险极高的事情,大概率会导致自己的人生陷入被动。哪怕你工资不高,哪怕这些钱确实对家庭意义不是很大,也尽可能不要成为全职太太,这不是为了家庭,是为了你自己。

我相信你的另一半要求你成为全职太太的时候或许没有恶意,但你千万不要让自己牵涉到风险,不要把人生的主动权交给别人。

哪怕你的原生家庭很有钱,并且可以给你足够的、长期的经济支持,你可以考虑休息一段时间,但最终不要成为全职太太。真的,我一个男人都这么劝你,全职太太是没有未来的,当然,全职老公也是一样。

我们先来定义一下什么是全职太太。很多女性朋友只是不去公司工作,但自己在家是有事情做的,天天忙得要死,并且这些事情可以提供稳定的收入,让自己可以经济独立,那就不叫全职太太,这叫自由职业者。

我所指的全职太太是说那种纯粹围绕着家庭、照顾家人的人,这样的全职人生很容易崩塌。

为什么?理由如下。

第一,没有财权独立,没法获得尊重。

这里说的财权独立,不是指财富自由那么多钱,而是自己可以掌控自己的收入。

哪怕是每个月几千块的工资,每月几千块的外快收入,只要是完全属于自己的、可以完全支配的、不依赖于他人的收入,都可以算。

钱是人的胆,这句话虽粗糙,但确实有道理。

只要你没有财权,你所有的收入都要依赖另一半,那这个家里,你永远说了不算。

这个道理其实和大学生把钱花完找家里要生活费是一样的,你愿意低三下四地找另一半要生活费吗?

大学生起码知道毕业后就可以改善,但你这个可是要持续一辈子的。持续一辈子向另一半低头,你能忍受这件事情吗?

你要连这都能忍,你早就在职场上披荆斩棘了。

而且好歹家里不会抛弃孩子,不可能爸妈一合计这个孩子太费钱了,不要了,去外面再找一个回来养。他们顶多觉得大号练废了,再开个小号,爸妈和孩子的法理关系基本是不变的。

而夫妻关系可不一样,大家没有血缘关系,只有法律关系,要结束没那么麻烦。

夫妻之间,当一方长期依赖另一方作为收入来源的时候,关系就会变化。

千万不要相信男人说会养你一辈子,这是谎话,现在的他凭什么替未来的他许下诺言?一个成年人不应该相信誓言的,要么立协议公证,要么听过就忘了吧。

另一半就算一开始很主动地给你钱,甚至所有钱都给你,但随着时间的流逝,他会逐渐从心态上出现变化。

他会认为他才是这个家的主宰者,这个家是他撑起来的,他付出了这么多努力汗水,所以你一切都要听他的,你只是被圈养者,你和他的地位是不对等的,他逐渐会暴露出各种轻蔑,并且从各个角度展露出让你不舒服的气质。

这就像你会宠爱你家的猫，但宠物永远是宠物，你会宠爱，但不会尊重。

我跟你讲，不仅你老公会这么想，你婆婆尤其会这样想，她会想自己当年吃的苦你一点都不能少，她享到的福你一点都不能多，然后各种风言风语就来了。

生活远比你想的更加鸡零狗碎。

当你失去财权自由，所有进项都依赖另一半的时候，"尊重"这个东西，就已经不存在了。尤其是当这个男人事业有成之后，他的想法会更加直接：我为这个家付出了这么多，我想做点自己想做的事怎么了？大不了咱们一拍两散，反正我有钱，我有挣钱的能力，我不怕。

这时候就轮到你傻眼了。

发现了吗，当你财权不独立的时候，你永远得不到尊重，而婚姻最重要的是夫妻互相尊重。

一旦这个平衡被打破，你们的关系就进入了崩塌倒计时。

而这时候，你不掌握收入来源，你会陷入极大的经济劣势和心理劣势，一步错，步步错。

多少家暴事件背后女人不敢离婚，就是因为不掌握财权，甚至长久不事生产后，已经对社会产生了恐惧。

永远不要把自己人生的主动权寄托在别人身上。

我想告诉所有女孩子，要保证自己有收入，要有让自己能说不的一笔钱，不要依赖别人。

第二，没有经历奋斗，没有成长，就没有平等。

上面说到了尊重问题，那如果你虽然没有了收入，但是原生家庭可以给你有力的支持，是不是会好一些？

只能说，危险会来得比无原生家庭支持的更晚一些，但是从结果来看，没太大的区别。

为什么？

因为你不经历社会战斗，就没有真正的成长，没有人会真的尊重你。

这就像为什么"学生思维"是个贬义词，归根究底就是没有被社会毒打过，没有成长，还是在脑补一个简单且美好的日子。

人类这种生物，从来只会尊重势均力敌或者更强的对手。

只要你还在工作，还在社会厮杀，哪怕钱不多，他都会尊重你，因为你也是社会的战斗者，这与绝对的金钱关系不大，与成长有关。

不管你有钱没钱，当你整天待在家里不工作，或者条件比较好，和小姐妹吃吃喝喝玩玩的时候，如果你的另一半正在社会上厮杀，那么你就会失去尊重。

你拿着家里的钱过着快乐的日子，别人会羡慕你，会嫉妒你，但不会真的尊重你，因为你在消耗，没有成长。

尤其是夫妻之间，当你的另一半在高强度的社会厮杀中被打磨得越来越尖锐、越来越狡猾，各项技能会越发熟练，不断成长，见到更大的世界，解锁更多全新"姿势"的时候，你还在原地踏步。

不断厮杀、不断成长的那一方，怎么可能会尊重你呢？

他只会尊重和他一起厮杀或者势均力敌的人。

他会觉得自己已经远远超过了你，你配不上他了。

相信我，这虽然很不政治正确，但每个被社会打磨的人，心里都是有这股傲气的，区别无非是怎么表达而已。

这也是很多家庭主妇再怎么温柔，再怎么漂亮，再怎么为家庭付出，原生家庭再怎么给力也无法挽回老公变心的本质原因，因为不管承认还是不承认，他已经看不起你了。

或许你们出于各种原因没有离婚，但在他眼中，你们已经是两个世界的人了，你不懂他了。

有的富二代女孩嫁给霸道总裁后，根本止不住人家霸道总裁另找新欢，因为他发现与岁月静好的老婆根本就没有共同语言。

每个从社会厮杀出来的男人，都是具有侵略性的，这里的侵略性，当然包括了对异性。

这确实不是啥好事儿，也挺龌龊的，但确实是事实。

所以不要相信男人说的会永远爱你，这话他说的时候未必是骗你，但我之前说过了，过去的他怎么可能替将来的他许诺呢？人是会变的呀。

一个一无所有的少年当然可以随便说永远爱你呀，因为他什么都没有。而当他真的有了资本后，他看问题的方式一定会变，因为这时候他"真的有一头牛"。

所以你要用你的成长来让他切实尊重你，你要让他意识到你是一个优秀的人。

况且有一说一，一个客观现实是，大众对于男人离婚的容忍度是要远远高于女性的，这个时代对于男性的主要考量是事业而非男女关系，这就代表当一个男人事业足够强的时候，他离婚的成本太低太低了。

而对女人而言，成本则太高了，这个社会对女性离婚的容忍度太差了。

对，我知道这是偏见，我知道这个不对，但问题是，你架不住别人的眼光和嚼舌头。

网络上那些声援真的是看看就好，现实中对女性的各种不友好能把你搞得抬不起头。

你说你能扛过去，你要真的有这个心理素质，也不至于落到这一步呀。这怎么玩儿呀，姐妹，你怎么玩儿都是输呀。

第三，全职太太的价值难以被社会广泛认可。

有些女孩子会觉得，全职太太也是一份非常有意义的工作，毕竟把家打扫得干干净净，把内务弄得井井有条，把孩子照顾得白白胖胖，给老公一个非常安稳的后方，都是非常累、非常累的事情，而且有难度。

没错，很累，很难，但难以被肯定。

不，我不是看不起全职太太，恰恰相反，我很尊敬她们的付出，她们确实是在为家庭牺牲。

但我更知道人性，她们的付出，大概率是得不到另一半的长期理解的，这就等于没有价值。

我知道这件事情不对，但你能怎么办？天天抱怨社会，社会还是那个样，最后还不是你自己吃亏？

尤其当另一半不认可你的付出时，那你这个付出有何意义？

挖煤累吗？累。

有价值吗？有，但价值有限。

干家务活累吗？累。

有价值吗？有，不过保姆能提供的价值比你提供的可能更大。

你当然可以说自己做了这么多工作，就算换成保姆都价值不菲，事实也确实如此。

但问题是，你上了这么多年学，耗费了这么多社会资源，是让你给人当保姆的吗？

前辈们如此努力给女性争取的权利，你怎么就放弃了？

当你的付出不可能被真正意义上公平对待和尊重的时候，你的付出有什么意义呢？

婚姻需要维护，需要交易思维，只有平等，只有尊重，只有相互体谅，才有长久的婚姻。

或许你会说，那我找个能理解我的老公不就好了吗？

这就属于典型的幻想了，我前面都说了两遍"人是会变的"，一个过去理解你的人，未来不一定会理解你。

你不能寄希望于对方，而且，一个整天想着岁月静好的女孩子，看人的眼光是值得怀疑的。

这年头谁能看得透谁？

第四，没有奋斗经历，没有战斗力。

很多倡导当家庭主妇的人会说可以保持学习，保持独立人格。看得我都笑了。

你不工作，不被社会直接毒打磨炼，没有财权，你永远保持不了独立人格。

你所谓的独立人格，是基于读书、看新闻、看视频养成的知识性人格，又或者是风花雪月或者柴米油盐衍生出的温和型人格？

这些东西不是我嘲笑，战斗力是真的垃圾。

遇到那种被社会毒打出来的人，分分钟给一通社会教育。

而且，万一你的经济还没独立，何谈所谓独立人格？只不过是被依附出来的独立人格。

我从来不觉得向家里要钱的学生有什么独立人格，哪怕他的钱再多。

我也从来不觉得在社会上被折磨得死去活来赚钱不多的人没有独立人格，哪怕他赚得再少。

可控性和战斗磨炼，才是独立人格的特点。

没有财务自主，没有思想自由。

而且，当你的另一半是被社会毒打出来的人，你是风花雪月柴米油盐的人，不出问题还好，一旦出问题，有分歧，你们怎么对线，都是你输。

即使你更聪明也没用，你一定没有他狠。

因为社会毒打太狠了，你不知道一个男人被社会毒打后，可以狠到什么地步，也不知道他可以有多少种不道德的方法恶心人。

夫妻博弈的时候，更狠的一方，更容易赢。

为什么士兵回到和平的环境都要接受心理辅导？因为残酷的战场早就让他们本能地对于任何可能的威胁予以最强硬的反击，任何犹豫的代价都是鲜血。

社会竞争也是这样残酷的，任何时候只要牵涉到利益，只有一个赢家。

每把被社会磨过的刀，都是绝对锋利的。

对人，对己，都是一样。

第五，大量全职太太都后悔了，所以她们开始热衷于副业。

为什么很多全职太太拼命地在找副业，找各种方法创收？

因为她们全职之后一开始很爽，但很快就意识到自己的人生正在失去掌控，所以她们拼尽全力在找事情做，要赚钱。

她们意识到自己只要一天不赚钱，就没有家庭地位。

她们意识到自己只要一天不回归战斗，就会被时代抛弃。

很多表面和睦的家庭背后都有不为人知的龌龊。

现在很多母婴大V，都是全职太太出身，不要小瞧，做大V，是一份非常高难度和高强度的工作，这是高标准的社会厮杀。

怎么从甲方那里搞到更多的钱。

怎么揣摩消费者心思，让自己带的货更好卖。

怎么和同行竞争，写出更有吸引力的内容。

怎么经营自己的朋友圈和社群流量，榨取更大的价值。

这比绝大多数工作都累多了，而且充满了技术挑战。

真的，就连做微商，都比全职在家要好很多很多。

不要看不起微商，做得好的微商是真来钱，没有一个男人敢小看一个已经成为成功微商的老婆。

为什么微商能铺得这么广？为什么大部分微商都是家庭妇女？为什么当年那么多非法集资都是从家庭妇女这里突破的？

有一个很重要的原因，就是这些人已经意识到乃至体会到了全职太太没有未来，想拥有更被世俗意义认可的价值，从而找回地位。

不要重蹈她们的覆辙。

还有说什么靠自己娘家的，更搞笑，你爸妈老去之后呢？你拿什么约束你的另一半？你有什么本事应对你家里的那堆亲戚？甚至你兄弟姐妹要争钱怎么办？

少年苦不叫苦，老来苦才真叫苦。

最后，我想给各位一个忠告，不管男人女人，永远不要把自己的命运交到别人手里，这个世界不会有任何人对你负责，你只能靠自己。

这是人类几千年历史总结下来的经验。

婚姻的本质是价值交易，交易需要筹码。

当你提供的价值与另一半提供的不对等的时候，你们关系的崩塌可能只在须臾之间。

失去主动权，失去一切。

祝大家幸福美满，也祝大家都能找到自己的主动权。

"世上本没有送命题，懂了就是送分题。"

第五章

聪明人都能避开的思维陷阱

奶茶店加盟中的猫腻

今天我们谈谈奶茶加盟这个行业，一个看起来很美，但是让无数人赔得大裤衩都随风飘扬的行业。

鉴于整个加盟行业的玩法都比较放飞自我，且存在大量"割韭菜"的行为，所以我打算好好戳一戳他们。

希望各位看完文章后能够好好对号入座，给自己的人生留一个机会，保护好自己的钱包，警惕各路加盟大师的洗脑。最好还能扩散给身边的人，给他们一份爱，他们会还你一首《难忘今宵》的。

哦，对了，如果你是加盟行业的销售，我劝你善良，劝你从良。

很多普通人在思考加盟时，会想自己到底参加哪个品牌的加盟才能赚钱，我觉得他们对于这个世界的残酷真的是一无所知，善良和道德限制了他们的想象力。

加盟前要做的第一件事是，要思考自己加盟的牌子是不是合法的，是不是有特许加盟备案的，能否有官方核验，会不会装完 × 就跑。

一个外行不知道的事情是，国内起码有七位数的各种加盟品牌，但是有特许备案的只有四位数，90% 以上的各种加盟品牌是没有备案的裸奔状态。

不能说没有备案的就一定是骗子，只能说能拿到备案的加盟品牌，起码都是经过官方机构审查过的品牌，有最基础的实力保证，跑路的时候还能温柔一些，所以一定要核验。

当然，这一步你都懒得做或者不知道的话，你还是别去送人头了。

除非你搞加盟就是怀着做公益的心态，想为"韭菜"事业提供肥料，那我敬你是壮士，建议加大力度。

关于特许经营信息，直接在政府机关网站就可以查到。

网址给大家了：http://txjy.syggs.mofcom.gov.cn/，注意 gov 的政府标识。

大家可以在网站上的"特许品牌"处输入品牌名称，看下具体信息。

```
商业特许经营特许人---备案查询

公司名称：              特许品牌：赛百味    经营资源：
备案时间：      至              所属区域：选择省份 选择地市   备案号：
验证码：    3496                查询

查询结果
特许人名称：赛百味餐饮管理（上海）有限公司
公告时间：2019-07-25
备案号：0311500211900089
地址：中国（上海）自由贸易试验区张杨路707号二层西区205室

特许人名称：赛百味国际有限公司
公告时间：2009-08-05
备案号：0200801100800010
地址：
```

这个网站可以有效帮你识别加盟品牌中吃软饭的"渣男"。

更重要的是，可以帮你识别山寨，因为每个品牌都给出了对应的公司主体。

大家都知道，在使用某些搜索引擎的时候，排名靠前的往往是那些花钱做投放的山寨。加盟了山寨，会让你的生意道路从一开始就走上一条弯路。

很典型的鹿角巷，一共才百来家店，但是假店有数千家，你能喝到的绝大多数鹿角巷都不是鹿角巷。山寨的能力是恐怖的。

在加盟一家品牌之前，先要看清楚这家品牌有没有备案，这是最最基础的一步。

这一步不解决，干什么都是白给。

当然，商业奇才即使加盟山寨品牌也能打出一片天，重要的是商业奇才不把加盟费拿去大吃大喝、充 B 站大会员。

当你通过各种方法找到了有备案的正规品牌的正规公司后，是不是就可以高枕无忧了？

很遗憾，并不是，你只是会"死"得明白点而已。

奶茶加盟这条路，五年前还有点价值，到了 2019 年，这条路上挤满了想要退款的前辈以及各路饭都吃不饱的梦想演说家。

为什么？因为很多人根本就不适合做生意。

做生意需要的是独立做出一切决定，并且为之承担风险。坦率地说，大多数连吃个午饭都得纠结半小时的人，只适合老老实实上班。

虽然做生意看起来高收益，但是高收益对应的从来都是高风险，能承担高风险的人永远是极少数，绝大多数都是自以为能承担，结果出事之后哭爹喊娘嘤嘤嘤。

对于现金流的概念为零，根本没有现金管理和杠杆的基础知识。

自身现金储备和抗风险能力为零，对于成本毫无概念，就那么十几万几十万钢镚，还想着吃一辈子，几个月不赚钱就得倒闭。

管理能力为零，从来没有管过三个人以上，根本不知道管人是多么困难的一件事。

做事能力不足，过去只有打工经验，根本不知道一个企业的运行流程有多么烦琐，对于税务和各项检查毫无处理经验。

与人打交道能力不足，根本不懂如何和供应商进行谈判，无法拿到最有优势的价格。

甚至很多人都不知道做生意到底干什么，以为投点钱开家店就能收钱，这种人在现实生活中多得不要不要的。

有时候我都得感叹，很多人真的是活在梦里，需要被社会狠狠教育一遍。

如果看到这里，你觉得苍天一定不负有心人，自己可以，那么我来问你几个具体的问题。

这些问题适用于大多数投资的坑，建议你认真思考一下，对你的人生有好处。

这些问题可能会把你戳痛,但是痛总比你想不清楚进去送人头要好。这些问题是无数前辈用血泪攒下的。

这顿毒打,是我的温柔。

问题1:你对于你要加盟的行业了解多少?有没有在该行业打过工?

这个问题的核心是考验你的信息掌握能力,如果你的信息和对手的信息是不对称的,那么唯一的结果就是你被"割韭菜"。

加盟也是如此,一个行业你不懂,但是人家懂,人家就能割你"韭菜"。信息差产生利差,这个世界就是这么赤裸裸。

假如你加盟奶茶店,你懂不懂奶茶的SOP?

你知道客流潮汐是什么概念吗?

如何管理你的员工不让他们偷钱?

员工串通给你报阴阳账怎么办?

怎么和房东搞好关系,不让他坐地起价?

开外卖的时候如何保证不被外卖平台坑费用?

被外卖平台逼着赔本参加活动怎么办?

原材料的保质期和品牌要怎么管理?

同行恶意举报你的卫生问题怎么办?

你知道原材料的真实成本以及营销成本和售价的投入产出比吗?

以上问题,对于外行基本是无解的,如果你没有真的去这些行业打过工,你甚至都提不出这些问题,更别说去解决了。

别相信那些搞加盟销售的说什么要认真考察品牌实力、行业优势、技术水平云云,那都是正确的废话。你一个外行,你懂什么好坏?你要是懂了,你还是外行吗?

你到底看了多少家加盟?你和多少真正的店主聊过?你见识过多少一

头热血赔光首付的倒霉蛋？你看过加盟品牌的核心用户数据吗？

你一个外行哪里来的本事分辨好坏呀？最后还不是得听着人家销售一通胡吹给你造梦？还不是只能看他们包装过的请人排队的样板店？

当然你可以"干就完了，奥利给"，但是老八最后的下场，你们也看到了，屁屁吃了，钱也没赚到。

问题2：你在开店当地有资源吗？

这个问题本质上是问你的奶茶店选址成本是否可控。

开店最重要的三要素是地段，地段，还是地段。店铺位置决定90%的生意，你就是做外卖，也得是白领辐射区，犄角旮旯里倒闭的奶茶店数都数不清。

那么问题来了：你家在闹市区有自有门面房吗？哪怕是低成本的优势地段店铺也可以，注意，是低成本，你有吗？

如果啥都没有的话，你说说你凭什么开店？不交电费用爱发电吗？

你要是还得靠求爷爷告奶奶、掏光裤子里的铜板来求一个不怎么样的地理位置，那你别来搞加盟了，因为你一定会发现最后赚的钱还不够付房租的，简直是赔钱给房东献爱心。

为什么很多加盟店活不过三个月就要转让？因为房租一般是押一付三，第一个周期结束后，他们就醒悟过来搞这东西要完犊子，还是打工划算。

当然，如果你非得自己体会一下的话，我其实也觉得年轻人被社会毒打有利于身心健康。

傻人有傻福，但傻子没有。

问题3：你真的知道这些加盟是赚钱还是不赚钱吗？

这个问题考验的是你的调查能力和处理问题的思考能力。

如何考察加盟是赚钱还是不赚钱？别听那些销售顾问跟你讲，从他们嘴里就说不出不赚钱这种话。你要知道，你的利益和他们是不一致的，他们的吃喝拉撒都要从你的加盟费里弄出来呢。

一般加盟方都是给你看一下样板店、标杆店，这些店其实根本没有任何参考价值。

很简单的道理，专门用来展示的店能差到哪里去？包装一下成本能高到哪里去？要靠它骗钱呀。

你要看的，不是他们带你去的那些店，而是他们不带你去的店，而且要多看几家不同的店，要多和店主聊天，听他诉苦。

只有在这种情况下，你才能了解到真实情况。

就拿奶茶来说，现在各种奶茶疯狂开店，我楼下一条商业街二十多家奶茶店，大部分生意都不怎么样，平均都活不过两个月，认真一点的话，这些信息根本不难获取。

更专业一点的，你选定几家店，天天盯着饭点和周末的客流潮汐，然后简单估算 GMV（Gross Merchandise Volume，商品交易总额）。

我以前做尽职调查的时候，可以看店看半个月，然后随机进一家店直接抽出当天的小票来核对。

如果你不愿意做这些事情，也不懂，那你还是好好打工吧。有那个钱，给我不好吗？我还能情真意切地给你买橘子吃。

问题 4：你到底有多少钱可以烧光不心疼？

这个问题本质上是问你的抗风险能力和资金流掌控能力。

我相信每个人做生意都不是为了赔钱的，但做生意这件事情其实就是赔和赚，而绝大多数人是赔钱的，不然怎么穷人这么多？

别总想着孤注一掷、破釜沉舟，人类历史上成功的也就那么几个，绝大多数都是死得悄无声息，没人知道，这叫幸存者偏差。

当乞丐还有当成皇帝的呢，你怎么不当乞丐去？

加盟投入可不是一笔钱投进去就可以坐收其成了，你还要持续不断地投入运营资金、货款，乃至顾客赊账和意料外支出，这些东西品牌往往不会告诉你，怕把你直接吓跑。

很多品牌都说是××元直接开店，都是管杀不管理的主。

加盟是吃资金流的生意，如果没有足够的资金储备，是架不住烧的。开过店的人都知道，每天一睁眼，欠房东多少钱，欠员工工资多少钱，欠水电原材料多少钱。真以为店能生金蛋吗？

当你发现手里的钢镚经不住烧的时候，就真的晚了。

如果你不是家里有矿，烧个几十万不心疼就当体验生活的大少爷、姑奶奶，那么别想不开来搞加盟，成功率确实有，但是低到你赔不起。

这些年我见识到的因为加盟搞得资产归零的太多太多了，很多人甚至搞到妻离子散。

问题 5：你真的相信这个世界上有人会把赚钱的东西原原本本地送给你吗？

人性是自私的，如果一个东西真的赚钱，对方为什么要分享给你？

你从生物学的角度来思考，对方又不是你失散多年的亲爹，怎么会把赚钱秘籍苦口婆心地传给你？

每家加盟企业都在吹嘘零门槛、零经验限制，只需要投入××万，甚至有的品牌直接声称零加盟费，你自己装修和进货就行，有专业人士教你，专业人员帮你选地址，专业培训帮你快速入行。总之就是什么都给你包好了，你躺下赚钱就可以了。

这很荒谬啊，朋友。

既然加盟品牌可以做到让你一个外行轻松赚钱，那么要你干吗？一个百分百赚钱的生意，人家会开加盟？一个赚钱的大品牌缺你一个外行那堆发抖的钢镚吗？

除了以上几个灵魂拷问外，我再来讲讲当前加盟行业存在的大坑。

朋友们坐稳，好好看这个世界残酷的真相。

第一坑：加盟费。

每个加盟品牌都是要加盟费的，有的不叫加盟费，可能叫保证金，这都不重要，重要的是大多数时候都要不回来。

你别以为品牌说什么达成什么条件退给你，什么为了方便管理有所约束之类的鬼话。相信我，一个九成以上玩家连备案都没有的行业，人家坑人才是最专业的。

少数情况下，他们的律师会拿出那些你都看不懂的合同来告诉你：小朋友，你别想得美了。

多数情况下，他们直接消失或者闭门不见，并建议你直接起诉，起诉的人太多，你可能得先排队拿号。

不插队，是一种美德。

第二坑：店铺选址。

绝大多数品牌都号称可以帮助加盟商精准选店。真的，这东西其实就是个伪命题，他这么牛会选店，选店就能解决经营问题，干吗要你加盟来承担风险？

很多品牌其实根本不懂选店铺位置，只会选人流量大的地方，而且对店的面积有要求。

如果你不同意，想想你的保证金和加盟费。而且，你自己选店铺位置，品牌可以甩锅说你自己选店不好，生意不好和他们没关系。

如果你同意，这背后代表的就是成本，原本跟你许诺的成本，一旦加上他们选的地理位置，百分百超标。

大多数加盟品牌都不会告诉你，好位置等于预算超标，等于他们许诺的小投入根本实现不了。

房租一付，破产近在咫尺。

第三坑：店铺装修吸血。

当你咬着牙选了店之后，你得装修，很多品牌会要求你使用他们的装修队以及装修材料，说是为了保证风格统一，给顾客最好的感受。

可拉倒吧，都是嘴上说得好听，其实就是想在装修上坑你一笔。如果你拿着他们的设计图和标准，自己找队伍装修，起码省一半的钱。

但是吧，想想你的保证金哦，朋友，你咬咬牙可能就忍了。

恭喜你，装修一掏，不管你会不会完蛋，品牌方已经大赚特赚。

第四坑：在原材料上朝你胸口开一枪。

基本上所有的加盟，都要求你使用他们的原材料。

奶茶餐饮要用他们的配方配料，串货还要被罚。

那么问题来了，他们提供给你的原材料，其实都是加过价的，只要你买了，你就又被割了。

如果你会使用一个叫某宝的 App，你查查类似的原材料及其进货价，你就能发现，自己买贵了很多很多，差价不说一倍吧，多数情况下 50% 至少是有的。

这就代表了成本，你的成本就比某宝价高 50%，你说你还做什么生意？你怎么和人家竞争？更有趣的是，那些被品牌方吹嘘的秘方，某宝上全都有的卖，几十块买全套，还带视频，手把手教你，记得好评哦，亲。

如果你进了品牌方的原材料想退？门儿都没有。

如果你想反抗，想想你的保证金，想想你的房租，想想你的装修。

你长得这么美，就不要想得这么美了。

第五坑：压货是你创业路上自杀的上吊绳。

原材料卖得贵就算了，很多品牌还要求进货量，一次要进货 N 多，基本就是把加盟商当作接盘侠来出货。

你别想反抗，这些东西都是写到合同里的，想想你的保证金，想想你的房租，想想你的装修。哎哟，我都说不下去了，你钱在人家手里，你钱都投了，你还想怎样呢？

老老实实，任人鱼肉。

你想着偷偷用便宜的替代品，偷偷用一模一样的非加盟商渠道的原材料？别想了，很多品牌有各种巡查员和神秘访客制度，说穿了就是要检查是不是偷偷乱用了其他渠道的原材料。

这些加盟巡查员懂什么指导经营？他们真懂早就自己做了。

他们的 KPI 就是找到你不合规的地方，然后罚款，而原材料是重点排查对象。

这些罚款就像钝刀子割肉，让你既不舒服，又不会一刀切死你。

"割韭菜"已经全面进入精细化作业了。

第六坑：失控的同品牌加盟以及激烈的同业竞争。

按照道理来说，每家店都有自己的特定辐射范围，类似于地盘的概念，一旦同一块地盘出现了两家及以上的店铺，那么就会出现激烈的同业竞争。

所以开店的基础常识是，不要挤在同一块地方，不然大家都不好过。

但是很遗憾，加盟品牌大多数都不会在意这东西。读到这里，你应该发现他们有多少种方法在你身上赚钱。有傻瓜赶着来送钱，他们开心还来不及呢，多多益善，多多益善，崩盘之后大不了再搞个新品牌继续干，还美其名曰屡败屡战。

所以不要指望品牌，也不要对于过几天你隔壁出现了同一个品牌感到惊讶，这个世界就是这样的。

甚至对面的同一个品牌，可能和你一样都是山寨的，属于不同的加盟公司。

另外，很多人做生意都有瞎扎堆的坏习惯，看什么火就干什么。

开店也是，动不动就一堆人开一样类型的店，同行是冤家，大家乱打价格战，最后谁都干不下去，一起完蛋。

第七坑：让你扛不住的各类活动以及互联网营销。

你知道吗，很多品牌其实动不动就要搞什么全国活动，什么节假日大促销，需要加盟商自费（当然钱直接给他们更好）制作物料，然后自己掏钱补贴活动，请别人来开单。

这时候你看到的排长队，根本没有任何意义，赔钱卖谁不会呀？这种活动搞来的全是价格敏感性用户，他们不是来买的，他们是来占便宜的，谁便宜就去谁那里。

而且，这里面还会有各种"羊毛党"出现。从品牌方到加盟商，让他们学习或者理解如何防范"羊毛党"，确实是超纲了。

最后一看，订单多多，赔得更多。

至于各种外卖平台的活动以及抽佣，更别提了，提起来都是眼泪。

第八坑：金融产品榨干你最后一滴血。

怀着财富自由梦想的人很多，但是能一次性掏出很多钱浪费在加盟上的人不多，不过你不用担心，金融贷款现在这么发达，只要你有心，有一万种方法让你成为最绿的"韭菜"。

很多加盟品牌和贷款公司合作，推出了一键借款服务，简单快捷，利息优惠，催收温馨，让你的破产之路又顺又快又刺激。

如果说搞加盟是蠢，那么借钱搞加盟，我只能说是有想象力。

只要你肯背债，没有什么可以阻止你被"割韭菜"。

第九坑：传销一样的散播手段，韭菜渣也能拿来炒鸡蛋。

当你开店满一个月的时候，你就会完全意识到一个问题。

你被坑了。

这时候你想退加盟费，退各种费用，都晚了，别说没门了，窗户都给你用合金封死。

相信我，脑子一热加盟奶茶店的人，根本玩不过人家专业的法务，人家的坑人经验可比你要厉害多了。

我们做加盟的既然说要给你培训，那就要培训到底，这一课就算社会教育，让你深刻认识一下这个社会上有坏人。

也有的品牌特别鸡贼，说退钱可以，但是你要拉来至少 N 个人来加盟，才能把你的钱退给你，然后你就变成了他们的推销员，为了自己解套，疯狂坑人，疯狂给人讲这个项目多么有前景。

还有的品牌直接搞了一个加盟下线机制，拉人加盟入伙，直接可以获得佣金，下线再拉下线，还有佣金。

和传销一样一样的。

有时候我觉得加盟搞得这么群魔乱舞，简直不可思议。

你想开店，开店就开店，干吗想不开要加盟？

你一切自己来，或者干脆去某宝买，从原料到配方到 SOP，应有尽有，起码能节省 80% 的成本。这些省出来的钱不管是用在房租上还是用作运营费用，哪怕留作跑路经费，都很好，干吗送出去肥了那些销售呢？

而且，现在开店房租这么高，做不好，三个月倒闭；做得好，辛辛苦苦一年，算下来全都是给房东打工。

而且开店实在是太累太累了，赚的就是辛苦钱，哪里有上班轻松。

加盟有时候和微商一比，感觉还不如微商彬彬有礼。

真的，微商都不让你囤货，只让你发朋友圈，结果搞得大家都在骂。加盟不仅让你投入很多钱，还让你囤货压款，还各种欺负加盟商，怎么就一堆人天天凑上去打听？

看到这里，或许你会恍然大悟，加盟不靠谱，但是我可以自己搞个品牌拉人来加盟呀，我自己做项目，坑别人钱多好呀。

朋友，建议再复习一遍这篇文章，你以为那七位数的加盟品牌是怎么来的？全国起码有一百万人和你有一样的想法，而在这条道路上挂掉的前辈也多不胜数。

你倒不如看看隔壁的知识付费，一个个来路可疑的大师教你上天入地，非常刺激。

或许有人说：你怎么一杆子把人都打死了呀？照你说的，加盟都是骗子吗？

恰恰相反，我不认为加盟是骗子，但我认为加盟本质上是一个门槛非常高的生意，一个没有资源、没有资金、没有行业专业知识的人，懵懵懂懂用自己那点老婆本、首付去撞门槛，最后赔得一塌糊涂，非常愚蠢。

对个人，对行业，其实都不好。

最坏的就是那些打着零门槛、连备案都没有的各种野生加盟品牌，他们专盯着那些穷人手里的最后一堆钢镚使劲。

还有很多人问：我确实钱不多，也啥都不懂，但是那些加盟的人都说怎么怎么好，我该不该相信呀？

朋友，一边是劝你别乱花钱，实在要开店还是自己来省钱，甚至都告诉你某宝啥都有，不要加盟掏冤枉钱的；另一边是恨不得让你今天就签合同掏钱，从你的加盟费里吃提成的。

你说谁在你身上捞好处？你说你该信谁？

如果你这都想不清楚，我觉得你该信梦。

梦里什么都有。

嗷嗷待宰的大学生，以及他们的六个钱包

1

2019年10月，教育部官网发布了《不良"校园贷"案件线索征集》公告。《人民日报》也多次发文强调了校园贷的风险，以及校园消费金融市场需要被监管。

校园贷，又有了死灰复燃的迹象。

得承认的是，随着经济的发展，学生们确实是一代比一代有钱的，因为他们的父母有过足够的积累，而对孩子好，对大多数父母而言，是天经地义的本能。

更得承认的是，随着互联网的发展，学生们接收到的信息、面对的诱惑，也是越来越多的。

过去我们最多是看看身边最有钱的同学怎么生活，社交媒体和各类种草平台发展起来后，学生们看到的是这个领域最光鲜的人在吃什么、穿什么、用什么、玩什么。

这种刺激是几何级的。

而攀比和虚荣，是刻在人类基因里的本能。

学生们逐渐开始有钱，种草和社交媒体炫耀开始流行，攀比和虚荣又是人类本能，三者相加，于是消费主义开始席卷校园，而校园贷则为消费主义插上了翅膀。

有需求，就有市场。

有市场，就有利润。

有利润，就有镰刀。

所以校园贷又卷土重来，"韭菜们"嗷嗷待割。

2

校园贷卷土重来其实并不是一件让人意外的事情，因为从收益率上看，抛开善恶不谈，大学生群体确实是最最优质和肥美的羔羊。

作为一名专业风控，我打算好好谈谈校园贷的业务逻辑以及利益构成，说说为什么这是一个好生意。当然，好生意不代表是好事儿，更不代表是对的。好生意就是好做好赚的生意，仅此而已。

饱受消费主义洗脑的当代大学生群体本身就是天然契合校园贷场景的一批人，只要消费主义不息，校园贷就永生不死。

我们先来看看，大学生借贷群体的核心用户画像是什么。人傻、钱多、虚荣、胆小，这四个特质就注定了他们是最好的"韭菜"，不割他们简直对不起手里的镰刀。

什么是人傻？人傻就是大多数学生本身是没见过真正的社会，他们对于这个世界的认知是被人为局限在了象牙塔和网络世界里。

这代表着，他们很多时候对于事物的认知是很容易被人带偏的。同时由于没有经历过大风大浪，很难有坚定的意志。

意志不够坚定，对于事物的认知也不恒定，对社会的险恶也理解不够，这代表什么？

代表着他们很难算清楚校园贷的真实利率。

代表着他们很难一眼看破各种校园贷中存在的坑。

代表着他们对于自己的还贷能力评估以及所谓的"兼职赚钱"的认知是不清晰的。

代表着他们很容易头脑发热一时冲动就上钩。

各路网络黑产公认的是，大学生是最好骗的。这反映在贷款产品上，就是用户心智不成熟，适合诱导。

什么是钱多？

不是说现在大学生的生活费比过去大学生的涨了就是有钱了，实际上学生的生活费那几个钢镚完全是不够还校园贷的。更不是说什么无聊的兼职工作，绝大多数学生去做兼职是没法长期坚持的。

那为什么还是说钱多？

这里说的不是学生的钱，而是学生背后的"钱包们"。当一个学生还不上钱的时候，最后买单的往往是他们的家庭。

学生贷的金额对于学生本人而言确实是无力支付的，但是对于拥有六个钱包（父母、外公外婆、祖父祖母）的家庭而言，大概率还是能承受的。

所有学生贷业务设计的终极逻辑，都是让学生背后的家庭来承担。不然如果按照贷款还款能力测算的底线，给学生放贷本身就是一件不合业务逻辑的事情，除非羊毛出在猪身上。

而讽刺的是，很多学生大大咧咧借钱的背后，也是觉得自己家里最后不会不管自己的，这充分印证了特质———人傻。这种特质反映在贷款产品上，就是用户还款能力强，虽然不是用户本人还。

什么是虚荣？

其实就是攀比的欲望。"攀比"本身是个中性词，毕竟努力奋斗，努力学习，也是源自人性中期望攀比的欲望来驱动的，攀比不是一件坏事儿。

但对于大多数心智不成熟的学生而言，攀比谁分数考得高，证书拿得多，实在是不够酷的，他们每时每刻都能接收到的最潮流的穿搭，最帅气美丽的博主，最煽动的消费主义信息。这让他们的攀比成了单纯的物质上的买买买。

同寝室的朋友新换了一双 AJ、一台电竞电脑，同寝室的姐妹换了漂亮的小裙子、包包和口红，大家都看在眼里。

年轻人是有着过上美好生活的强烈冲动欲望的，但是现实往往又不能满足他们的一切诉求。想吃好的，想穿好的，想玩好的，想用好的，想攀比，想旅行，想博得关注，想不比土豪差，啥都想，就是缺钱。

这时候，一笔简单的分期贷款，或是一笔小钱，就能让自己想要的立刻就得到。这个诱惑是很难抗拒的，而一旦破戒，后面的债务雪球就是理所当然的了。这反映在产品逻辑上，就是用户黏性高，续贷率高，贷款意愿高。

什么是胆小？

胆小就是大学生其实是非常容易对付的群体，而且关系网相对单纯，容易收拾。因为没见过世面，也不懂社会战斗的残酷，所以很容易就可以被吓唬到。

假如你不还了，我打给你家里，你怕不怕？

我给你身边所有同学打电话说你借高利贷还不上，你怕不怕？

我给你老师、班主任、辅导员、系主任打电话说你欠钱不还，你怕不怕？

我起诉你，你怕不怕？

我让你被开除拿不到毕业证，你怕不怕？

我找人蹲在宿舍区等你，你怕不怕？

我在你宿舍楼下大喊你的相关信息，你怕不怕？

所有这些事情的大前提都是"你欠了我的钱不还"，哪怕告到天上我都占了一个理。

知道怕了？知道就赶紧找家里要钱还上。

家里没钱？没事，去其他贷款平台弄到钱来先还上我们的嘛，剩下的拆东墙补西墙熬到毕业工作了慢慢还嘛，不要影响拿毕业证和征信是不是？

你看，收拾一个学生，是非常简单的事情。这在贷款产品上代表的就是用户的违约成本高，贷款催回率高，这是利润的保证。

人傻、钱多、虚荣、胆小，这四个关键特质成了学生贷业务模式的核心逻辑，除了缺德，都很完美。

至于缺德，缺德在赚钱面前，简直是不值一提的。

3

学生贷款有多赚钱？或者说，消费金融抑或消费分期，有多赚钱？

你以为你支付的利息便宜，其实已经多付了一倍。只提 IRR（内部收益率）或者等额本息的话，或许对于大多数人而言难以理解。

我们来举一个傻瓜式的例子来阐述，为什么在等额本息下，真实利率要接近翻倍来算。

假如你借了 2.4 万元（纯粹好算数，随便举了个数字），1 年期，每月 2% 的手续费（记住这可不是利息啊，是手续费，是服务费！是不受 24% 的高利贷利率约束的，性质不同，银行信用卡账单分期也是这个道理，不过信用卡的手续费在 1.5% 左右）。

接下来一年你每个月要还的钱是——

24000/12+24000×2%= 2000+480=2480 元

一整年下来你累计要还 29760 元，多还了 5760 元，多 24%。

感觉还挺正常，对吧？但是真正的贷款利息不是这样算的。

24% 在什么情况下才是成立的？一定是你这 2.4 万元给你拿去用一整年，先息后本来付款，每月只还 2% 的利息，本金 2.4 万元年底再还；或者年底一次性本息结清，你到年底一次性还29760元，在这种情况下，才是真正的24%利率。

只有你能够用这笔资金一整年的情况下，你才是为这2.4万元的使用权付息。

而在等额本息的实际情况下，你并没有用这2.4万元一整年。依照等额本息的算法，在第一个月结束后，你其实只欠公司2.2万元，第二个月结束后，只欠2万元，第三月后只欠1.8万元，但是你付的利息都是按照2.4万元的基数来乘以2%的，到第12个月，你只欠公司2000元，但当月利息还是2.4万元总额的2%，一年下来你多还了将近1倍的利息。

再给你具体到更直观的算法——

我是放贷的，你是借钱的，2.4万元，12个月，等额本息，月费用2%。

第0个月，你到手2.4万元，欠我2.4万元本金；

第1个月，你还了2000+2.4万元的利息2%，还欠我2.2万元本金；

第2个月，你还了2000+2.4万元的利息2%，还欠我2万元本金；

第3个月，你还了2000+2.4万元的利息2%，还欠我1.8万元本金；

第4个月，你还了2000+2.4万元的利息2%，还欠我1.6万元本金；

……

第12个月，你还是要还2000+2.4万元的利息2%，还欠我2000元本金。这将在这个月终止还清。

发现问题了吗？

如果基数按2.4万元算的话，应该是每月欠2.4万元本金，还2.4万元本金的利息2%。只有在这种情况下，对你而言付出的利息才是2.4万元的24%。你的月均贷款余额是（2.4+2.4+2.4+……+2.4）万元/12=2.4万元。但你实际上每月欠我的本金是递减的，从第2个月开始，你就欠我不到2.4万元了，但是利息却没有减少，依然是按照2.4万元的完整本金在计算。

在这种情况下，你的真实贷款额应该是（2.4+2.2+2+1.8+……+0.2）万

元/12=1.3万元

你其实是为1.3万元的贷款额以2.4万元的基数利息还了1年的贷款。

你一整年为这1.3万元付出的利息是2.4万元×24%=5760元。

你的真实贷款利率是5760/13000=44.3%。

这和你当初认为的24%，已经差了将近一倍了。

而且吧，在实际交易中，2%的月费，已经是相对低廉的水准了，大量学生贷款都是超过这个数字的。

同样的算法，也用在信用卡分期以及各种针对职场人士的现金分期中。

除了极少数银行的全免息或者一口价活动，凡是等额本息按月还款的，真实利息都是要翻倍算，房贷也不例外，这个常识送给大家。

4

除贷款本身赚钱之外，资金滚动、差价以及资金流沉淀也是各类学生贷款以及消费金融公司赚钱的核心法门。

啥是资金滚动？资金滚动就是等额本息还款下，由于每个月都能收回一部分本金，而这部分资金立刻就可以滚动着放款放出去，继续赚下一批利息。而下一个还款周期，则又收回了新一批的本息，可以继续滚动。

这么讲吧，我开了一个贷款公司，准备了24亿元，分12个月放出去，月手续费2%，每个月放2亿元，对吧？

按照等额本息还款放贷，我第一个月放出2亿元之后，由于第二个月我还能收回第一个月放出去的部分本息，所以我第二个月放出去的钱，必然是大于2亿元的。

应该是2亿元+（第一个月放出去的2亿元本金的1/12）本金+第一个月放出去2亿元本金的2%手续费=2.206亿元，多出来了2060万元。

同理，第三个月，能拿来放贷的钱是2亿元+0.206亿元（第一个月的本息的第二期还款）+（2.206亿元/12+2.206亿元×2%）（第二个月本息的第一期还款）≈2.434亿元。

同理，第四个月，能拿来放贷的钱是2亿元+第一个月本息的第三期还款+第二个月本息的第二期还款+第三个月本息的第一期还款。

第五个月，第六个月，……第十二个月。

每个月都是暴增的。

懂了吗，这个滚雪球是非常恐怖的。

银行信用卡分期也是一个道理，不然银行们怎么拼了命地搞这些东西，电话快要把你炸掉，恨不得你干啥都选分期？傻孩子，赚钱呀。

啥是差价？

发现了吗，很多平台的所谓分期，是不给你钱的，而是给你一个额度，让你直接按月开始还手机、电脑等各种东西的费用。这些产品，本身就是有差价的。

假如一部手机，官方指导价是6666元，分期的时候也是按照6666元来算的，但是你一定得知道，平台批量采购的价格，一定是低于这个价格的，这个属于常识。

可能这个价格是6466元，200元左右的利润是合理的。这个200元就是纯利润了，因为你是按照6666元算基数分期还款的，这个纯利润率是不薄的。

除了这种差价的纯利润，还有资金流沉淀。

啥是资金流沉淀？很简单，一家分期平台和数码供应商进行合作，肯定不是实时结算资金的。

我先提货，然后过几个月再结款都是很正常的（业内3到12个月都算正常，一般是6个月左右），但是这段时间里，我从学生手里搞来的资金又可以拿来放贷，资金流都在我这里。

最后，还有一个所谓的滞纳金收益。

啥是滞纳金收益？

就是学生逾期之后，是按天算滞纳金的，晚还一天，每天可能就要多还千分之几甚至百分之几的滞纳金，这些都是纯纯的收益，单笔不是很高，但是累计起来就很恐怖。

这样一轮下来，你说到底是赚钱还是不赚钱？

只要不是坏账炸天，基本都是血赚！

至于坏账炸天，朋友，别忘了学生身后的六个钱包以及跃跃欲试的同行们，他们都是潜在接盘侠。

现在严厉打击套路贷，大家又开始来涌入学生贷了。

没人在意什么所谓的风控，新一批的大学生嗷嗷待宰，此时不宰更待何时？

5

虽然真的很赚钱，虽然从 ROI 角度来说真的是一个非常完美的生意，但是我依然要说，学生贷是罪恶的。

这个生意从一开始就是带有原罪的。

给没有还款能力的、软弱的、不懂计算利息的学生放贷，不智。

把还款的希望寄托于其父母和同行身上，不勇。

推广时千方百计诱导，催收时百般威胁，不义。

有部分学生确实是人傻、钱多、虚荣、胆小，但这些业务优点在真的开始接触学生贷的那一刻，都会变成学生本人的致命缺点。

因为人傻，所以根本算不清利率，糊里糊涂就被割了"韭菜"。

很多消费分期都在骗学生说什么利率很低，什么做做兼职就能还上，甚至还有人专门打着兼职名义骗人分期消费，这都哪里来的没有进化好的野猴子。

因为钱多，所以很多学生家庭被一起拖下水，孩子好好上个大学，怎么就欠了一屁股债，还利息这么高？还被威胁？

因为虚荣，所以一旦沾上来钱快、消费爽的瘾，往往难以摆脱，钱来得太容易，花起来就没有节制。

给一批正处在热血奔涌欲望浪潮的年轻人灌输各种极端观念，然后收割他们，怎么说都是社会败类。

因为胆小，学生同样也是玻璃心重症群体和冲动群体，虽然不敢真的曝通信录（扫黑除恶重点行为），但是吓唬多了，有的学生搞到最后既不敢告诉别人，也想不到方法，心一横，一冲动，就走了极端。

从学生身上赚来的贷款钱，本身就是带血的钱。赚这种钱，是要遭报应的。

对，现在严打学生贷，大多数都是不敢明着去搞什么专门的学生贷了，都开始打着消费金融以及各种授信的方式来做，但是没有一家是真的明着拒绝学生的。

甚至我就知道几家巨头的策略包里对于学生是非常纵容的，背后的资金方也心知肚明。

还有机构直接对外说难以分辨在校学生，这些东西骗骗外行也就算了，业内人谁不知道就是接一个学信网核验接口的事情，装什么装。

无非就是贵嘛，更便宜的方法也有。低于25周岁的，统统要求提供学信网截屏，需要确保是非在校生（没上大学提前打工的或者已毕业的），这东西有什么难的？说穿了，还不就是想赚这个钱，不想砍这个业务嘛。

做生意就做生意，不要脸就不要脸，出来装大尾巴狼就没意思了。

6

在很多金融公司那里，搞学生贷已经是默认的行为，很多时候不需要真的去做什么，只要什么都不做就好了。

毕竟砍掉学生群体实在太痛。

而更多的公司，为了能够推进业务，又找到了地推，哦，不，学生兼职。

很多学生兼职在搞消费分期推广，往往就是一个注册多少钱，一个下款多少钱这样子。很多学生为了多赚点钱，把自己的同学拉下了水。他们只会说帮兄弟姐妹完成一个兼职指标，不会说这东西有可能会上征信，有可能后面会让你出问题。大家出于帮朋友一把的信任，就注册了，身份资料就交了，就下款了。

金钱面前，人是很容易不是人的，尤其是那些真没怎么见过钱的学生。甚至还有拿着同学身份证骗贷的所谓学生干部、社团干部，这年头不当人的人太多了。很多人真的是只有在毕业多年买房的时候，才发现自己征信黑了，那时候哭都哭不出来。虽然这确实是一种社会教育，但不该是这种形式。

更过分一点的，知道现在直接进校园非常容易被干掉，那就巧妙地绕道，直接跟各个医美机构、各个所谓的培训机构（考研、英语、职业教育、各种乱七八糟的技能）合作，这些机构进校园宣传，然后让学生直接把学费分期，捞钱办事儿两不误。

各种机构疯了一样地宣传分期教育、包分配之类的，结果最后还不是靠贷款赚钱，极为可笑。还有更极端点的，打着招主播的名号大量招聘女学生，然后慢慢诱导她们去整容，不仅赚贷款提成，还能赚医美返点，美滋滋。

至于那些还不上钱的学生会怎么样，商家是不会在意的。

裸条？下海？出台？被控制？她们的人生，早与幸运无关。

只要能赚钱，就够了，商家不会在意这钱是否带血，不是吗？

我觉得这些事情是不对的，只可惜真的在意的人很少。

很多学生就是想买买买，不借给他们还不高兴。很多放贷的就是想赚到学生以及他们家长的最后一个铜板，不让他们放款，他们就花样百出。最后大家各取所需，特别高兴，做个人破产前的最后狂欢。

高举酒杯，欢呼消费万岁，欢呼青春就是想要就要，欢呼买买买才是人间正义。

大家都满意就好了，不是吗？

我觉得不该是这样的。年纪轻轻就被债务拖累，甚至拖累家庭，人生的道路还没开始就已是一片泥泞。

不该是这样的，我想告诉各位朋友，年轻人想赚钱、想花钱很正常。但你要记住，花钱从来都不是本事，克制不花，才是本事。

不要总做没有门槛的事情。自己赚钱了，爱怎么花都是你的自由。在还没开始赚钱之前，先想办法去让自己变得更强一些，这样后面被社会毒打的时候，能叫得轻一点。

对于很多已经工作了的人而言，贷款也尽量能少碰就少碰，年轻人有多少钱办多大事儿不丢人。那些天天嚷嚷着精致最后欠一屁股债的，才丢人。

当然这也是破鸡汤，但其实也是生活的真相。

App 隐私泄露下的
数据暗网

说到促销和省钱，那就不得不说到一个一直以来广为流传的恐怖故事，那就是大家总是怀疑自己的手机在监控自己，不然为什么总是出现自己随意说了一些东西，打开一些 App 就会收到相关的推送。

例如自己在 A App 上浏览了一些东西，打开 B App，会收到相关的推送。例如自己在搜索引擎随便搜点东西，不仅搜索引擎的广告会变，就连不相干的 App 的推送都会变。

在各种传言中，最恐怖的就是手机通过录音在监控我们，只要是我们说过的话，都会被记录下来进行分析。

在这里，我给大家讲一个好消息，一个坏消息。好消息是，监控录音是一个谣言，大家可以放心，不存在的。坏消息是，现实情况比录音要高级多了。

之所以不做录音监控，不是因为做不到，而是这么做性价比太低，有更多成本更低、准确率更高的方法把你安排得明明白白，录音是非常愚蠢且原始的解决方案。

用录音来做广告推送，就等于是骑着 ofo 去参加 F1 比赛，不说能不能赢，一不小心直接就飞升了。

我们先来讲，为什么用录音监控用户是一个愚蠢的解决方案。

首先有个前提，任何事情都要讲一个目的，广告推送的目的是要追求转化率，让用户最终付费，要让商家的利益最大化，大家出来卖产品，也是要看性价比的。

而从成本收益的角度来看，录音属于效率低、利润低、误差率高、成本高的劣质方案，所以没人做。

那些大胆尝试录音方案的朋克，大部分在投入产出失衡后破产了，小部分快速发现这是个坑，尽早转型了。所以，你很少见到市面上有完整商业录音解析方案，当然安防领域另算，安防对于投入产出的理解和商业不同，其目的不在于赚钱。

如果你是一个 App，你要用录音监控你的用户，首先你绕不过的就是 App 资源占用，持续的录音，对于手机资源而言是很大的负载，导致的结果就是 App 运转效率低下，耗电发热大幅增加，然后要么被用户发现干掉，要么被后台自动杀掉，那还怎么做？

而且吧，录下来的这些音频，到底怎么保留呢？保存在手机本地的话，持续的录音监听，这个音频文件最终会十分巨大，最后录音文件动辄几个G，不知道的还以为是神奇的小电影。

如果使用在线上传的模式，那存在的问题就是用户的流量是要钱的，很多用户那点流量还不够你吃的，并且如果用户不是 Wi-Fi 环境，而是运营商环境的话，网络经常不稳定，上传的录音可能会断流，最终监听到的效果可能是：录音是"一流"，但其实用户讲的是"一江春水向东流"。连稳定性都保证不了，还怎么监听呢？

而且这么大的文件上传，是瞒不过用户的，用户收到运营商账单的时候，肯定会暴怒，然后看看是哪个 App 猛耗流量，又把你给抓住了。

除非你是跑滴滴的司机，不然没有人可以接受自己被长期录音监控的，其实滴滴司机也不愿意，但没办法，这是为了生活，也是为了大家的生命安全。

或许还有人表示，完全可以本地直接解析，然后只留存文字，上传文字。好主意，那这就到了下一个环节，准确率的问题。

录音方案最致命的问题在于，消耗了大量资源后，准确率过于垃圾。

假如我是一个 App，在监控你的录音，那么我面临的第一个问题是，我需要分辨到底是谁在讲话，是不是手机的主人在讲话。声音来源就是一个大问题。

App 推送的目标必须是手机的持有者，那监听录音的第一个难点就是无法定位到到底是谁在说话。

假如你解决了录谁的音这个问题后，你会遇到第二个问题，需要识别语言准确度问题。

我们所处的日常环境是非常嘈杂的，会有大量的杂音，而且很多人的普通话并不标准，机器没法有效识别，实际上绝大多数方言，机器都无能为力，没法识别出各种奇妙文字。

而且我国南方地区，每个村的方言细节都不一样，尤其是温州话，更是逆天的语言，在战争年代是可以当密码用的神奇语言。

假如有个天才，解决了录音问题、语言准确度问题，那么还有第三个问题，那就是音频实时语义识别问题。

这个问题在当前属于几乎无解的难题，所有人工智能遇到音频实时语义识别都会变成智障。

注意，我说的语义识别不是所谓的把你讲的话翻译成文字，这个难度不大，我说的是，真正理解你语言中的含义。

例如"死鬼"这个词，男人跟女人说，男人跟男人说，女人跟男人说，男人跟死对头说，我跟大家说，都是完全不同的含义。

例如这个"意思"，"我就是意思意思""你们听个意思就够意思了""不要有太多的意思那我会不好意思的"，这里面的每个"意思"都是不同的意思。

人类理解语义是要结合具体场景的，而机器根本做不到识别这些内容，甚至很多时候你只要讲方言或者讲话一快，机器就根本不知道你在说什么了。

甚至不同的人，讲同一句话，都是不同的意思。

马老师说他不在乎钱，那是真不在乎钱。

我们说我们不在乎钱，那就是打肿脸充胖子。

这种复杂的语义分析，别说机器做不到，就连人都做不到。

要是真有哪家公司有这个本事，还做什么广告推送，各路巨头早就排着队觍着脸上门要砸钱了，而且诺贝尔奖不香吗？

这就和很多人怀疑 CPU 造假一样，要是有人有本事造假 CPU，这人早就成了各国争抢的人才了。

以上三问，我喜欢称之为"录音方案灵魂三问"，用于否定手机录音这件事情。

但是你肯定又迷惑了：半佛老师，我能理解手机不会录音了，那问题来了，为什么会出现有时候我说了一些东西，不久之后 App 就出现了相关推送呢？这不还是录音吗？

很简单，大家不做录音，但不代表不拿你说的话搞事情。只不过这个方法不是通过录音监控，而是通过特定关键词唤醒，不管你说了什么，只听你说了什么重点。

例如，大家都已经熟练使用"Hi, Siri"以及"小爱同学"这种应用了。这种应用本身就是唤醒方案，它们没有监控你，但是当你说出唤醒词的时候，它们就进入待机状态等待你的宠爱。

很多 App 要你的麦克风权限，不是为了监听你的录音，而是为了承载你的唤醒。

它们根本不记录你说了什么，也不去分析你说了什么，只要你说出了特定词，那么它们就会被唤醒，只不过这个唤醒不是亮屏幕之类的，而是推送逻辑被唤醒，给你推送相关物品。

再举个例子，假如是外卖类 App，这种唤醒词库可能包含"奶茶""比萨""烤串""麻辣烫""哈密瓜""上门服务"等词，只要你说出了类似的词汇，那么可能就会唤醒推送。

例如 OTA 类 App，这种唤醒词库可能包含"旅游""泰国""签证""酒店""度假"等词，只要你说了类似的词，那么可能就会唤醒推送。

再例如购物类 App，唤醒词库可能包含"口红""靴子""裙子""水果""笔记本"等词，只要你说了类似的词，那么可能就会唤醒推送。

每个 App 的词库可能都有数千乃至数十万个词，基本覆盖了你可能的消费场景，磨刀霍霍。

很多很神奇的功能，拆穿了也就那样，就和魔术一样。

说完这个，我再来说说在实际应用中，各路厂商是如何把你的隐私价值给榨干的，录音方案真的不值一提。

我从底层开始说，然后一层一层地上升。

第一个出卖你的是手机系统。

现在很多手机硬件不赚钱，但是大家又不是来做慈善的，那靠啥赚钱？靠广告呀。

当一个产品本身不需要你做任何事情还能让你占便宜的时候，那只有一种可能，你自己就是商品本身。

大家有兴趣可以看看自己安卓手机的用户隐私协议，每个都非常明确地写清楚了可能会利用你的一些数据来做一些广告推送。

通信录、短信、设备号、IP，等等等等，你的一切，在手机厂家眼中，都是透明的，系统层面的读取甚至都不需要权限申请。

App 才需要从系统要权限，系统本身就是管这一切的。

你看，这你怎么防备，对吧？

第二个出卖你的是手机输入法。

谁知道你做的具体的一切？当然是输入法了。

别总是怀疑什么 App 监控你的聊天记录，你首先要怀疑的是，你的输入法有没有出卖你。

只要你打字，你一定躲不过的就是输入法，你输入了什么内容，在什么 App 输入（搜索引擎、社交软件、地图、短信、跟卖家讨价还价），这对于输入法都是透明的。

而且你经常输入哪些词，代表了什么意思，并不难获得或者分析，上面说的语义分析难是针对纯音频的，纯文本的语义分析可是相对成熟的技术。

另外，所有输入法都是越用越好用，越用越懂你，那么到底是怎么懂你的？

当你在触摸方便的时候，方便也在触摸你。

第三个出卖你的是 SDK。

什么叫 SDK？你可以理解为软件包，嵌入 App 中执行特定功能的特定模块。

最流行的 SDK 是推送类 SDK，就是你手机收到的各类 App 推送消息，是有专门的公司做成 SDK 嵌入到各大 App 里，然后专门负责推送，专业推送 SDK 往往对于各类手机和应用的适配做得很好，比自己开发要好用很多，所以很多 App 都是外采推送 SDK 的。

你手机上的 30 个 App，可能都是同一家公司提供的推送 SDK，那么对这家公司而言，你的手机基本是透明的，而且很显然会知道一部手机到底装了哪些 App，用户到底常用什么 App，甚至是用户对于手机的应用轨迹、应用行为。

这些行为就可以被做成标签，然后打包交易，这个市场目前很成熟。

国内做推送 SDK 的公司，就那几家，反正对外出售标签数据都挺积极的。

你看，当你知道输入法和 SDK 的存在时，你对于世界的认知会发生变化。

当你收到广告的时候，你甚至可以去尝试分析到底是哪个出卖了你，这才是真正的苦中作乐。

第四个出卖你的，才是手机 App 的信息收集。

首先就是 App List，就是你的手机曾经安装过哪些 App，当前手机安装了什么 App，以及每个 App 的打开率、使用时长，等等。

每个App都代表了一大串的信息，毕竟每个App都有自己的属性和目标用户，这些特征都是很显著的。

你安装了拼多多，可能代表你是一个价格敏感型用户，可以给你推送便宜货，也可能你只是被生活打趴下了。

你安装了B站，可能代表你是一个喜欢二次元的用户，可以给你推荐动漫周边。

你安装了母婴类App，可能代表你是一个有母婴方面需求的人，可以给你推送母婴用品。

你安装了一些球鞋类App，可能代表你对时尚有一定的追求，可以推荐相关的商品。

你每天大量时间沉迷在各种短视频App中，可能说明你是一个很无聊的人，适合给你推送游戏。

你用什么App，在某种程度上你在机器眼中就是什么人。

随便给大家举两个App List做决策的案例。

例如我是一个外卖类App，我通过读取用户手机的App List，发现这个用户手机上装了好几个外卖App，说明竞争十分激烈，那我就可以有针对性地给这个用户发各种大额券，试图激活他用我。

例如我是一个贷款App，我通过读取用户手机的App List，发现这个用户手机上装了大量的贷款App，甚至还有沙盒类App，那我就会选择拒绝这个人的贷款申请，因为风险较高。

除了App List，最常用的是LBS（基于位置的服务）系列数据，就是地理位置。

有一部分所谓的谈到奶茶后，打开外卖App会弹出奶茶店铺广告的案例，其实是因为使用了LBS推送。

大家都知道App会实时获取用户的地理位置，知道用户在哪里。

所以，生成与之相关的推荐策略，而外卖店铺啊，商家啊，本身也有自己的业务辐射范围。当你走入这个外卖店铺辐射圈子的地理位置时，就给你推送相关的信息，让你不得不看。

某著名网红茶，就经常喜欢对自己门店两千米内的外卖App用户进行无差别推送，别管你喝不喝，来了就先看个广告吧。

获取LBS的途径有很多，很多时候通过Wi-Fi的固定连接点，也可以识别你是不是在那幢楼办公或者生活，然后围绕这一变量给你进行推送。

不信你打开你手上的生活类团购类App，是不是都是展示附近的店？

你在哪里，你就是谁。

当然，还有很多人在电商上秒杀了一堆东西，结果被退款了，很多时候就是因为出现了大量相同的收货地址，然后被风控系统干掉了。

第五个出卖你的，才是所谓的浏览记录、搜索记录，让你有明确的感知，这是最表层的东西。

你在搜索引擎上的搜索，你在购物网站的搜索，你在各种App中的搜索，这些你主动搜索的信息，都是精准的信息。

如果是网页端的搜索，那么浏览器和搜索引擎都会留存你的cookie（储存在用户本地终端上的数据），即使你有定期清除浏览记录的习惯或者知道每次上完网清cookie也没用，现在留存都是实时的。

这些从各种App，各类输入法，各种手机中收集来的用户数据，都是可以交易的，各家公司都在利用这些数据。

随便举一个例子。

用户在某某资讯类App中用某输入法输入"尿不湿"，然后大家就都知道了这个数据，并且是直接关联用户手机号的。也就是说，大家知道是谁，在什么时间，在哪个App里，输入了什么。

而这条精准的用户信息，可以卖给购物类App，也可以卖给视频类App，大家获取了这个信息之后，就可以对这个手机号关联的用户去进行相关的推送。

这个市场的体量和交易额远远超出所有人的想象，但是知道的人却寥寥无几。

这些数据背后的交易与应用，形成了我们见到的各种诡异的推送。

我来给大家讲一个基于数据采集的用户画像案例吧，看看我们的一生是如何被数据拆解的。

下面的文字部分为正常生活描述，括号内为获取这些数据的途径，这只是最基础最基础的用户画像，实际上成熟的商业公司做的要比这个复杂和精准100倍。

小明，在广告公司上班（通过短信读取公积金信息，或者某些App绑定公积金）。

40岁，男性（身份证号拆解）。

本科学历（学信网接口通过身份证号调用），外地人（身份证号前6位对比工作所在地）。

租房（租房App，或者短信账单，或者代缴水电费账户名字与本人不同）。

贷款买了一辆小车（贷款App数据，支付宝绑定行驶证，每月短信还款提醒）。

平时的消费爱好是买书（支付类App付款记录），以及打手游（游戏类App以及账号体系）。

经常去××网吧通宵（外卖收货地址，网吧管理软件用户体系）。

住在××小区（快递收货地址，手机LBS活跃圈，Wi-Fi连接热点）。

偶尔也去旅游（车票、酒店购买记录，异地网红店消费记录）。

甚至喜欢看点小电影（浏览器记录，购买付费记录，转发记录）。

朋友很多（好友数，日常活跃好友数，通话记录与通信录的交集），朋友们的消费水平也一般般（相关手机号关联的支付和交易数据）。

收入一般般（短信读取银行到账短信，手机话费余额消费账单）。

有一个女朋友小红（聊天记录，联系人，通话详单），已经同居（购买大量女性生活用品，小红手机号关联的账户收货地址与小明相同）。

女朋友公司在×××（基于小明除家里以外的收货地址，关联一些女性物品交易记录）。

快要结婚了（网上搜索大量与结婚有关的信息，下载了婚礼类App）。

最近可能要当父亲了（查看婴儿用品，网上搜索很多育儿经）。

最近手头有点紧（下载了很多借款App，读取短信可以知道有些下款了，外部可以采购到他的多头负债情况）。

等等等等等等等，无数个等等等等。

如果你是广告商，你拿到了这些数据，你可以非常精准地在小明人生的每个阶段，都恰恰好推送一些恰恰好的广告，很多专业人士光看这些描述就已经在构思营销方案了。

而且，这还只是小明一个人的数据，如果再加上小红的数据，小明朋友的数据，小明父母的数据，最终就会成为一张关系网。

例如，当小红在搜索孕妇装的时候，其实就可以给小明推荐奶粉和婴幼儿保险了。例如，当小明在搜索各种片子的时候，其实就可以给小红推荐一些情趣用品了。

这种关联多如漫天繁星，这些数据都是可以变为钱的数据。这个年代，数据就是金钱，隐私就是金钱。所以，每个巨头都在拼命获取这一切。

在大数据多维交叉验证面前，我们都是透明的。通过数据挖掘和收集，我知道你的爱好，知道你的活动范围，知道你的详细信息，知道你的社交圈，知道你可能要做的事情，知道你的一切。我比你还要懂你。

为什么我国近几年特别重视个人隐私，对于各种滥用隐私行为都是严厉打击，每年都有大量的数据从业者被送进去？因为当企业知道用户的一切的时候，在某种程度上，就可以通过推送来影响用户的一切。

这个影响可以是精准推送广告赚钱，也可以做得更多。大家可以自己考虑下潜在的用途。

回到我们自己。

我们的一切，在公司眼中，只是一个个数据标签，是达到他们目的的必要生产资料而已。

他们做的就是把我们做成数据，然后向我们灌输数据，从我们身上得到他们想要的东西。

我们一生的欢笑与泪水，开心与难过，认真的思考，谨慎的决策，最终都不过是一组数据，都是可以被拿来利用的。

他们甚至都不屑于支配我们，你会冲着一堆数据使劲儿吗？他们只需要调整参数就可以达到目的。

现在很多大公司已经完成了数据的合围，然后通过交易来垄断这些数据，在技术飞速进步的年代，金钱并不能阻止这一切发生，除了死亡，人类在大数据面前也是平等的。

这一切都不是秘密，完全是公开的事情，甚至那些卖数据的公司都恨不得天天去打广告找到更多的买家来买，还要各种吹嘘自己的标签精准，覆盖面广。甚至因为卖的人太多了，市场竞争过于激烈，数据量过于饱和，大家又开始讨价还价。

这魔幻又现实。

数据像大白菜一样摆在那里交易，交易的是我们每个人的人生。我们一生的故事都在里面，爱也在，恨也在。

大数据的发展确实给生活增加了便利，这无可否认。但如何掌握数据采集和数据应用的度，这是一个需要思考的问题。

更大的问题在于，这种被设计好的生活，真的是我们想要的吗？

我还没有答案，你呢？

当网红比读书简单？
笑死我了

最近丁真因为一个笑容的短视频，成了现象级网红，收获了各种祝福。

但是同时，我看到越来越多的人开始表示世界不好了，这个世界不尊重努力了，读书又难又没什么用，还不如当网红。网红怎么来钱快，怎么挣得多，怎么没门槛，是人是狗都能秀，现在的小孩子都想当网红，没人要读书了，这个世界完蛋了。

这种言论看得我都笑了，求求你趁早去做网红，别抢别人的读书资格和工作名额。

反正网红又没门槛，是个人都能对着镜头折腾，你怎么不去呢？别读书了，别上班了，抓紧去当网红赚钱吧，有钱摆在你面前不去赚是不是王八蛋？

有趣的是，很多人提起网红都是各种不服，但是往往自己都不去做网红，其实他们也知道，自己没本事成为网红。

很多事情不去做，就不会错。一旦做了但没做成，那就尴尬了。

反正只要我不出手，就没人能说我不行。

当网红赚钱容易吗？没错，网红赚钱确实容易，但那是极少数极少数头部网红，赚钱容易。

但凡你能下意识叫出来的那几个十几个名字，都是真正的头部网红了。

很多人以为自己在直播平台看到的那些对着镜头瞎折腾，或者在短视频里随手刷出来的一个人就可以被叫作网红。别闹了，那只是网络打工人。

而且都说不准他的人气到底是真人还是机器人，直播人数造假、流水造假，在网络圈属于常识。你再搜搜"直播带货翻车"，基本上你能看到的网红和明星，在真正看影响力的直播带货中都翻过车。

很多人知道直播存在造假，却觉得所有网红都赚钱，这真的很荒谬。

另外，绝大多数腰部及以下的网红你都不知道是谁，绝大多数所谓在某个平台有几千几万粉丝的，再强调一遍，都是网络打工人。

头部网红赚钱的确容易，但是容易的背后，是更加恐怖的低成功率。

成为头部网红太难了，比你读书打工难太多了。

网红的生命周期是非常短的，绝大多数红不过三年，短视频时代甚至红不过三个月，甚至可以短到一两个视频爆火之后就悄无声息。

成为头部网红是极小概率事件，以及极强烈的幸存者偏差。

倘若有人觉得做网红赚钱很容易，那大可自己去试试就好了，没人能阻止你去尝试，现在各种工具这么傻瓜操作，只要你想，你大可以亲自下场做网红。

这个时代根本不存在有才华不被人发现，因为出圈的渠道太多了，每个平台对内容都是极度渴求的，只要有火一点的趋势，恨不得把推荐撑到你脸上。平台运营没有 KPI 吗？

现实中，大多数人就是没有才华，或者才华在小众范围，不能成为大众娱乐。

这个行业几万家 MCN，天天想着怎么吸引用户的关注度，各种在大学生里拼命找网红来训练，但能赚钱的头部网红就是没有那么多，成功密码只有一次，一个成了，其他直接就作废了。

说到文化。

很多网红是没啥文化，但你架不住人家皮相就是好看，感染力就是强。同样的动作，好看的人做出来和难看的人做出来就是不一样。我穿着简单清凉的衣服给你跳个性感的舞蹈能把你手艺活都废了。

就算有的网红真人不算好看，但你架不住人家背后有百万修图师，把刚硬的柱子都给掰弯的那种。但是有人有钱请，有人没钱请怎么办？你说怎么办？这年头搞私房摄影和剪辑的人为啥越来越多？你说呢？

而且，就算长得好看、跳得好看，就一定能红吗？作为网络舞蹈资深观察员，我负责任地讲，有太多新人条件和动作都非常好，但就是播放量不行，我去看的时候，都充满了担忧，我每天都提醒自己一定要去看，生怕数据不好，她们遗憾。

很多网红文化水平确实是不高，长得也就那样，但人家一对着镜头，就是能来事儿，大哥大嫂过年好张口就来，这就是一种天赋。

我们大多数人白天社恐晚上"网抑云"，对着镜头心态就崩了，还当网红呢，别闹了。人一多说话都不利索，很多人就是只擅长熟人交流，很多人只擅长文字表达，不是所有人都适合搔首弄姿。

你说很多网红装疯卖傻，装疯卖傻不是本事吗？别小看装疯卖傻。

网红这碗饭，就是吃天赋的，你行就是行，不行就是不行。

当然，就算你有天赋也不一定行，观众缘这个东西就是一种玄学。

举个例子，我很喜欢杨超越，她身上那种诡异的憨憨锦鲤气质太魔性了，画风都和其他人不一样。

但我问你，杨超越为啥火？唱、跳、演哪个厉害？我发自内心觉得她的专业技能不厉害，她很努力，但确实不厉害，有次看到她没修音的现场我差点裂开，但这完全不妨碍我依然对她有好感。我身边很多直男承认杨超越专业确实不过硬，但不重要，这就是观众缘。

有的人很努力，很会来事儿，而且往死里练习自己的专业技巧，大家也都认可，但就是不火，这一点都没有道理可讲。

全民有认知度的偶像就那么几个，过几年又会换几个，有一天说不爱就不爱了。

你以为资本万能？资本也头疼怎么就没法量化，现在只能是广撒网，然后找到一个有点观众缘的就立即不要钱一样地砸起来，最后还不一定赚钱。

韩国偶像产业那么发达，资本那么发达，绝大多数练习生不照样连出道都没办法吗？我之前看过一个韩国的过气偶像的综艺节目，一个偶像过气之后去咖啡店上班，结果说比当偶像赚得多。

台上的人假正经，台下的人最无情。

就算你成了网红，之后还是要谨言慎行，这是真正的智力艺术。很多网红在直播的时候说错一句话就完蛋了。不只是网红，很多明星也一样。

真以为网红这么容易当？别光看贼吃肉，不看贼挨揍。你看到的每个光鲜的网红，其背后是无数凉到死都没人知道的网红，而且你也不知道他们能火多久。

网红那么难，那么吃形象、身材，那么吃天赋，那么吃运气，那么小概率，我们再看读书，你会发现，读书简直是最好的路。

读书在目前，就是性价比最高、成功率最高、上限最高、难度最低、风险最低、成本最低、最透明、最纯粹的事情。

老话说一命二运三风水四积阴德五读书，话糙理不糙，一二三看天，四看祖先，你能做的只有五——读书，读书，读书。

读书最牛的地方在于，成功路径极其清晰，并且影响因素单纯，完全可以复制。

当个网红，你还得小心直播间观众给你下套，竞争对手给你整幺蛾子呢。读书你总不用担心你们班第一名雇用别人抢你家庭作业吧？不然为啥我们绝大多数人走的都是读书这条路呢？因为真的可以走通，而且适合普通人。

还有丁真，我就不说人家长得确实帅了，你没看到他火了之后第一时间就被义务教育抓去读书认字了吗？

说回读书，读书这件事情，你都不需要做到顶尖，你读书读到中上游，就足够衣食无忧了，而且你的未来还是在不断积累的，不用像网红一样担心自己哪天就凉了。

如果你读完书工作的时候，能做到自己行业的中上游，例如中层管理、总监这种岗位，甚至只要你管到预算，你就是所有网红的甲方了，好吗？

读书的威力就在于此，上限无穷高，门槛无穷低，不需要做到极致就有不错的待遇。

你现在看到的大多数商业大佬，读书的时候也是卷王，并且学历不低。

那些学历不高的商业大佬，要么是当年没条件读书，要么是自己的经商天赋特别强，要么你看看人家爹是谁。

再举个例子，我自己写公众号、做视频，但我也一直在劝大家，可以做自媒体，但一开始要兼职来做，不要一上来就全职，要先保证自己的生活没问题，等慢慢有起色，赚到钱了再逐渐全职，我自己就是这样的。

然后很多人就说：你看你赚到了钱，你告诉大家不要全职投入，你是不是在使坏？

我看得都很迷惑。大部分人读书的时候写个800字作文都困难，大学时写篇论文能要了亲命，还觉得自己可以轻松做自媒体，一做就成功。这种人一看就是知识付费最爱的那种"韭菜"——零基础手把手教你做自媒体实现财富自由。

很多人真的是"我不行，我不懂，我没有基础，我不知道怎么弄，但我就是有自信我行"。这种人太多了，网文圈数都数不过来。

那就去尝试吧，反正我又不收你钱，我给你最后的温柔就是告诉你别直接买，太贵，去某鱼或者某多多。

另外我再说点实在的，我做起来就是运气好。

很多人研究我，但说真的，都是白给。我那套东西根本不复杂，只有在当时那个时间节点做，才有可能成，甚至缺了几个特定的热点事件，都不成。

你非得复刻我的操作，而且是在现在这个时间段，不是找死吗？大家自己思考我有没有说谎。

要在正确的时间、正确的地点跟正确的人做正确的事情，外加大量的运气，才有一定概率做成，你现在让我重新做一遍，大概率我也做不成。

当然，说不说在我，信不信在你。

我只能说读书确实不是万能的，读书更不是百分百就能赚钱的，但读书对普通人来说绝对是性价比最高、最稳妥、成本最低、最透明、上限最高的路径，而且是被反复确认过的。

不要老盯着个例，要看整体概率。

话已至此，多说无益，每个人愿意为自己的选择承担代价就足够了。

关于赚钱的
秘密与真相

做 UP 主三年了,全靠大家的支持,所以今天给大家讲点掏心窝子的话,跟赚钱有关的,希望大家可以从头看到尾,虽然有点啰唆,但我保证都是大实话,而且都是我自己走通的心得,我生怕你记不住重点。

放心,我是一个很没有格局的人,而且是一个思维非常简单的学渣,一个特别土的实用主义者,我讲出来的东西大家一定听得懂,而且只要你肯做,大概率比我强。

当然,我没能力手把手教大家怎么发财,但我可以通过我自己的经历,告诉大家怎么排除一些明显的错误答案。

那些手把手教你财富自由的老师,最后都是靠着教你发财然后自己发财的。讲白了,不过是通过给你提供情绪价值,从你手里换钱。

这跟他们自己强不强没关系,他们自己就算再优秀也没用,也只能给你情绪价值,因为他们自己的实践经验是无法传授给你的。

行了,我直接开冲了。

强调一遍,读书、学习以及自我提升都很好,但这些道理和赚钱是两码事。

你去各种努力地自我提升,去读书,去培养气质,去增加内涵,去健身,去拓展视野,都挺好的,但这根本不代表你能赚到钱,除非你做这一切的目的是把自己作为商品推销出去。

这不是读书无用论,这是要你想清楚,你做的事情和你的目的到底有没有关系。

你练习煮方便面一万遍，天天练习，也不代表你能学会开飞机啊。

赚钱这件事儿，无数卖课教你财富自由的老师，总是告诉你要提升自己，要拓宽认知边界，要学习，要怎么怎么样。

我非常肯定地告诉你，这东西陶冶情操不错，助眠也不错，但和赚钱一点关系都没有。

这里我要说第二遍，读书、学习以及自我提升都很好，但这些道理和赚钱是两码事。

为了让大家充分理解，我再提几个小问题。

红烧肉大师需要了解母猪的产后护理吗？他需要研究怎么种地吗？他需要知道花椒、辣椒的引入历史吗？他需要研究酱油发酵背后的微生物原理吗？

他不需要，他只需要研究透怎么做一锅好肉就可以了。

再来，足球运动员需要研究足球的生产制造原理吗？需要研究足球文化的传播路径吗？需要研究足球历史吗？需要知道高俅的一生吗？不需要，他只需要研究透足球技巧、战术以及锻炼体力就好了。

当然，男足还得研究一下道歉的艺术。

做任何事情，都存在一个指向性。

只有把这件事的指向性和你的目的统一，你做这件事情才能达到目的。

你为了高考考高分，彻夜研究题库，这叫有意义。

你为了高考考高分，彻夜研究怎么通下水道，这叫没意义。

另外，高考的高分和你赚钱，也不是百分百的关联指向。哪怕你学习再好、分数再高，选错了专业，生化环材外加土木会很高兴地告诉你，都怪你分考得高，所以选了它们。

恭喜你未来的道路充满了坎坷，你布满双茧的老手上有三百六十五个皱纹，每个皱纹里都刻满了春夏秋冬以及跑路。

而当年那些因为分低无奈选了计算机的，都在家里滑跪庆祝。

懂了吗？学习和提升自我不是不重要，但和赚钱不是一回事儿。**这不是读书无用论，而是要你想清楚，你要读什么书，以及想起到什么用。**

哎呀，我说了四遍了，太啰唆了，但你应该已经忘不掉了。

我们继续。

赚钱就是赚钱，你会赚钱，不需要你懂得很多，更不需要你懂原理，有些赚到钱的人根本就没啥文化，但依然可以赚钱。

赚钱是一门在实践中解决问题的艺术，你别老钻研理论了，一个云玩家视频看得再多，游戏一上手照样滑坡。

很多赚到钱的人，你让他们给你讲理论，他们根本不懂，他们自己也不知道自己操作背后的原理，但就是知道怎么做。为什么？因为他们会实践。

实践，才是检验真理的唯一标准。

还有人说什么格局很重要，拉倒吧，"格局"这词在我眼中和传销差不多。

你要非得提升格局，你去北京随便找个出租车师傅，人家一开口就能让你感受一下什么叫格局。你拿钱出来打车，和司机较量，打上半年，再张口你就是老格局怪了，今年说唱没你我不看。

再说一遍，赚钱是一门技术，技术就是"无他，唯手熟尔"。

好了，既然是一门技术，那么这个技术必然是有一个达成路径的。我们开始看路径，整点指向性明确的操作。一步一步一步来。

第一步，你要知道赚钱的原理是什么，凭什么很多没有你优秀的人能赚到钱。

答案只有一个：需求。

你能赚到钱,根本不取决于你,而取决于"买单"的人愿不愿意给你掏腰包。

那他们为什么愿意掏钱给你?因为你满足了他们的需求。别管你是直接满足、间接满足,还是坑蒙拐骗,只要你满足了对方的需求,对方就会给你钱。

上面几句话很重要,大家反复品味一下。

为了强化理解,我再举个例子。很多人觉得《王者荣耀》很垃圾,还有人觉得《原神》不就是一个抽卡游戏,它们怎么能赚钱呢?答案是任何产品都不能讨好所有人,只要讨好肯掏钱的人就好了。

你觉得差不差根本不重要,因为你根本不是买单的人,反正你又不掏钱,买单的玩家觉得值这个钱就够了。

只要你满足了付款者的需求,你就能从对方手里赚到钱。

所谓商业策略,说到底就是选谁作为付款者,以及怎么打动付款者。

不过,这个"需求"不一定是物质需求,精神需求、情绪需求也是需求。

你去夜市卖蛋炒饭,去菜市场卖菜,你开网店卖土特产,这是物质需求。

你去网上卖课,别人以为买了你的空气他会好,这是精神需求。

哪怕你卖萌给爸妈要钱,也是满足了"精神需求",然后换来了钱。

卖课的其实就是拿着物质来说话,勾引你的情绪需求。

那你说有物质需求、精神需求都满足的吗?

当你清楚地知道,赚钱的本质是满足需求之后,你会意识到一个问题:如果你的目的是赚钱,那么即便你提升自己,如果提升的东西和别人的需求不符,那你不是提升了个寂寞啊?

努力的前提是方向对啊。你写一亿遍一加一也上不了清华啊。你书读得再多,健身健得再好,关别人什么事情?别人为什么要为你的爱好买单？

再举一个例子。

很多学生朋友极为努力，自己也很聪明，学习学得很牛很牛，人也特别好。但这不代表你们能赚钱。为什么？因为在为你们买单的人眼里，你们这些特质不值钱，人家不愿意出钱。

什么叫天坑专业？就是即便人家认你的本事，你做的东西确实也特别难，大家也觉得很有意义，但这个行业就是不赚钱，也给不起钱，你再努力，行业本身的工资限制就在这里了，甲方还欠着公司一堆钱没给呢。

又为什么工作经验比学历重要？因为老板给你钱是希望你来了就能产生剩余价值，而不是浪费公司资源给你上学。

看到这里，你应该已经充分意识到了赚钱的本质是满足付款者的需求，以及自己的努力要冲着需求来了。

这时候我们进入第二步——如何发现需求，以及第三步——如何满足需求。

说白了就是，赚谁的钱，以及凭什么人家要给你钱。

为什么把第二步和第三步放在一起说？因为这俩的本质都是"信息"。第二步是找到对你有效的信息，抹平你的信息差。第三步是包装你的信息，给对方制造信息差。

那要怎么做？答案特别特别简单：执行力。也就是——做。

别想太多，做。

别的，没了。

就这么简单。

大家面临的问题从来不是想得不够多，而是想得太多了，做得不够多。

同时由于做得不够多，导致你想的很多东西直接是错的，根本就和你的目的方向不一致。

赚钱这件事情，最重要的是做，你首先得去做，去试错，而不是去学习。

你只有在做了之后发现了一堆根本想不到的问题，这时候你带着问题去找答案，才能有效地解决问题。

现实中，任何一个可以赚钱的信息都是无价之宝，你不可能指望自己坐在家里得到。所以你需要的是高频率地试错，让自己在不断的试错中，找到一些有用的信息。

这里再强调一遍，绝大多数人最大的问题不是不聪明，不是想得不够多，而是想得太多，想得太复杂，而没有去做。

游戏玩过吧？最高效的通关方式是什么？操纵角色快速去死，一次次重开，每次都迭代自己的策略，试出通关方式。

实践，是检验真理的唯一标准。

任何学习都不如实践得到的道理管用，或者说实践才是最好的学习。如果你没有足够的实践，你连问出正确的问题都做不到。

我每天都要看大量的后台留言。最大的感知是，大量朋友连问出一个有用的问题都难，问的问题都是无效问题。典型的无效问题是：我过得不快乐，也不赚钱，有没有方法能赚到钱？我是一个双非本科生，我怎么样才能赚到钱？

这种问题我能回答你什么？我连你到底是干啥的都不知道，我能说啥？我只能祝你身体健康、幸福快乐。

你说的是废话，我说的也是废话。

记住，朋友们，问对问题是非常非常重要的素质，一个笼统的问题只能得到没用的答案；一个优秀的问题，只需要对方稍加点拨，你就可以脱胎换骨。而让你先少想多做，就是让你去找到优秀的问题的过程。

我们再举例。拿摆摊来说，当你真的想赚钱的时候，哪怕是去夜市摆摊，就别多想了，抓紧摆起来再说。摆了之后，你会快速意识到自己的进货策略多么愚蠢，位置选取多么傻，促销话术多么尴尬，同行竞争多么卷。

这些是没有人能教你的，或者说教你了也没用，你要自己体验过才能理解深刻，才能成为你决策思维的一部分。

这才是你该交的学费，而不是交给那帮骗子。

当你被社会一顿毒打之后，这个世界会给你一些反馈，你会逐渐接收到一些信息。你会意识到到底什么东西更好卖，一次要进货多少，销售话术应该如何说，怎么讨好市场管理人员，如何找到城管的规律，这些具体信息才是真正的财富密码。

也有可能你靠自己悟不到这么多，但你起码已经找到了正确的提问方法和自己的具体问题。

实践，是检验真理的唯一标准。

只是随意拿摆摊举个例子，换成别的兼职或行业也可以，原理是一样的。

我再拿我做自媒体来举个例子。我想写公众号的时候是2018年12月，然后立刻就开始写，白天上班，晚上写，根本不考虑这东西要怎么研究，怎么定位，怎么找选题，公众号是不是夕阳行业。

这些东西在起步阶段根本不重要，你需要的就是写、写、写、写，只要你开始写，这些信息、这些问题你自然会遇到。

我写着写着自然就发现了"爆款"是什么，"业内大号"怎么做的，"甲方"要怎么来，"甲方"为什么选你，"变现"应该怎么做，"选题"应该怎么找。

我不是无师自通悟到了这些，而是遇到了这些问题，我带着这些具体的问题花钱去问人，最终形成了自己的方法论。

只要你开始做，一边做，一边收集信息，就够了。

再来说我做视频、做B站。我根本就没考虑什么定位之类的东西，就很简单。我写公众号的时候，清晰地感知到甲方的预算更多的是在往视频端倾斜的，这东西对任何从业者而言都不是秘密，都是很简单就能获取到的信息。

所以你该怎么做？做视频，做视频，抓紧开始做视频，一分钟都不要等。

稍微打开搜索引擎搜一搜，就知道做视频是多么简单，我第一个视频纯粹是试验 B 站的上传机制，随便拿我家猫猫的视频就上传了，就是要试验一下怎么上传视频。

正式视频从决定要做到做出来，只花了四十八小时，其中还包含了两到三小时跟着别人的视频学剪辑软件。就是那个关于 PUA 的视频，当然做得一塌糊涂，但不重要。

我不懂做视频，但我知道我一定要做起来，只要做起来，我就会获得无数有价值的问题，然后我只要一个一个解决这些问题就行了。

所以那个视频就是表情包 + 读稿子，不是个人风格，就是因为别的我不会，我只能这么做。但这不重要，重要的是开始做，开始产出。

我第一个正式视频做得稀烂，但不重要。重要的是我开始做了，重要的是评论区有人给我指出了问题。

然后我第二个视频就改进了问题，就是关于 12306 的那个视频，但还是有问题，例如为了偷懒，一个火车开了一分多钟。再例如录音设备效果不好，语音有卡顿。

然后有人帮我指出问题，包括怎么剪掉喘气，怎么调整语音速度。

然后第三个视频继续改进，就是关于奶茶店那个视频。

然后我就找到了一条稳定产出的路。

这三个视频还在我的大号里，大家可以直接去看，能从中看到非常清晰且明显的迭代策略，非常清晰。

在这个过程中，遇到问题，然后去解决问题。

执行，执行，执行，迭代，迭代，迭代。

这东西根本不复杂，和你上学的时候弄的错题本一样简单直接，但很多人就是懒，就是没有执行力。

比我聪明的人太多了，实际上我是思维非常简单的人，但我知道一件事情，所有有效信息都要在实践中获得。

快速试错，收集信息，确定迭代策略。

这套东西不新鲜，老一代没什么文化的生意人，就是靠着这些信息的迭代，一步步走过来的。他们不需要去学习，因为生活就是最好的老师。

你不进化，就打死你。

你以为到这里就完了吗？当然不是。

还有第四步：收益与风险评估。

我们可以看到很多人一番勇敢的尝试就把自己弄成了"裸条"受害者，还可以看到很多已经很有钱的人莫名其妙就投资失败或者激进扩张把自己弄破产了，更能看到很多没啥文化的土老板靠着努力和试错赚到的钱被人一次骗走。

他们缺了什么？

当你通过第二步、第三步找到了足够信息，开始/准备运作的时候，你需要做一点点数学题和逻辑题。这里的题分为开始运作前的基础评估和运作中的控制性评估。

运作前，你要知道，你必然是要投入学费的，必然是要试错获取信息的。所以你要控制成本，包括金钱成本和时间成本，不要一把梭哈。

很多人做生意、创业，事情都没搞清楚就敢拿全部身家外加借钱往里冲，这个属于找死。

正确的策略是，先最低成本地跑起来。你要做兼职，就先做起来。例如，我当年业余写自媒体写了很多年，白天上班，晚上加班，深夜写作，我付出的就是时间成本，我快速地跑了起来。别的兼职也一样。

如果是做生意，那么要控制这次生意的总投入不能超过一个数，超过了还没有找到最稳定的盈利模式，就果断止损，保留现金的火种。

我从不避讳我自己开店失败，但我会思考：为什么我总是有钱可以开各种各样的店，赔了也不难过，直接重开？为什么我的生活品质没有任何下降，给大家的红包也没缩水？

因为我会控制投入。并且我也很明确地告诉大家，开店失败带给我的财富远大于损失。因为我深刻理解到了，什么事情是重要的，什么是不重要的，怎么和房东搞好关系，以及如何跟合伙人相处以及管理员工。

当你开过店之后，对于做视频内容这点项目进度和人员安排，你简直就跟玩一样。为什么我的视频如此高产且稳定？这就是基础的工程效能问题。

甚至，由于我开过店、创过业，我后面在做自媒体以及和甲方沟通时也受益良多。大家能聊到一起，能互相理解对方的决策动机。

这些知识带给我的财富是巨大的。

如果你说：我想做生意或创业，但是一点钱都没有，怎么办？

那就去这个行业打工，卖身去获得信息。

好了，废话已经够多了。大家一定要记住，你想达到一个目的，一定要做和这个目的指向性一致的事情，然后疯狂地执行，快速试错，并且在做的过程中，控制成本，多实践，多迭代。同时，控制风险，别做短时间成本超出自己承受力的事情。

简单吗？很简单。但你看了没用，你得去做。

朋友，别想了，想是没用的，你得去做，做了再想，这时候这个思考才是有价值的。

实践，是检验真理的唯一标准。

不要迷信金融行业

之前开了几次直播，问我专业选择的朋友很多，因为我做过几期与金融有关的视频，所以问金融专业情况的朋友尤其多。

在他们的提问中，我能感受到他们的热情，以及那种恨不得明天就能杀上华尔街天天资本永不眠有机会就带着川老师一起上天和太阳肩并肩的感觉。

我十分感动，决定当个恶人，讲点难听的大实话。

"金融"这个词，已经被过度神化了。

什么金融行业、金融精英、金融思维，等等等等，任何东西和金融连起来，听起来就非常高端，是不是立马感觉就不一样了？

再加上大家看到的各种电影和新闻里什么金融大鳄，什么资本大佬，什么资本永不眠，什么金融战争之类的，搞得这个行业就像在天上飞一样。

在很多人心中，只要沾上金融，就是高大上，就是躺着来钱。

这很荒谬。

听我一句劝，朋友。

如果你不是顶级学霸，或者是家里特别有钱、特别有资源，那你还是不要考虑金融专业了，有限的分数如果换一个专业的话，说不定都可以上更好一点的大学。

或者说，你也可以考虑金融专业，但是千万别怀着不切实际的期待，别觉得自己能成为资本大佬，那会让你过得特别痛苦，你大概率就是一个正常的上班族而已。

但凡觉得金融行业特别牛、特别赚钱的，基本都是外行。毕竟一切对于行业的浪漫幻想本质源于无知。

金融是一个非常现实的行业，你有钱，有资源，你赚得盆满钵满，大家吹捧。你没钱，没资源，你就是给大佬打工。这个行业对于普通人而言是不太友好的，是真正的"达尔文丛林"。

很多人关心：金融行业赚钱吗？

我非常理解大家的疑问，毕竟很多学金融的人，目标都是很明确的，就是想赚钱，想社会地位高。这不可耻，谁选专业也不是为了用爱发电的，我当年学金融真的就是冲着以为能赚到大钱去的，然后发现根本不是这么回事儿。

金融行业是赚钱的，这个没问题。但行业赚钱和你赚钱是两码事儿，朋友。

金融行业赚钱和你一个普通从业者赚钱是没有关联的，你不一定赚钱，甚至可以说，作为普通人的你，一定赚不到很多钱。

钱都是留给那些有钱有势有资源的人的。

有人动不动就拿那些金融大佬的高报酬说事儿，但问题是不能看最高工资呀，任何行业拔尖的人都是神仙中的神仙，一个行业的顶点要是都不赚钱，那只能说这个行业没有存在的必要。

还有人说看平均工资。这个有一定道理，但不要迷信，因为金融行业属于典型的旱的旱死涝的涝死，所谓平均数都是被极少数特别牛的人给拉上去的。

可以说，是典型的 5% 的人拉高了 95% 的人的平均工资。

我和马化腾一平均，富得吓死你。但是有意义吗？这能说明我厉害吗？

你要看的是，身边那些看得见摸得着的普通的金融从业者的待遇，那才是你以后的待遇。

很多人对金融行业的理解都是什么投行啊，并购啊，量化交易啊，精算啊，基金经理啊，其实这些只占这个行业 1% 都不到。

大多数金融从业者是干什么的？

我给你说说。

卖保险的，天天朋友圈狂轰滥炸，不知道的还以为是搞传销的。

证券拉人开户的，天天各种股神附体，指点江山就数他们最懂市场。

银行求人办卡存款卖理财办 ETC 的，整天脸上堆满了假笑，手上抓满了米面粮油。

这些才是占行业 99% 的存在。

他们也是正儿八经的金融从业者。

绝大多数人的归宿，就是干这个，收入真没高到哪里去，但是压力一点不少，动不动就是被指标弄得上蹿下跳，经常要拿着传单出没于小区和写字楼，一层一层地推销产品，跟保安斗智斗勇并且经常输。

不信你问问身边的基层金融工作者，是不是每人都是几十种花样百出的指标，做不完就得扣钱，扣到最后恨不得让你打白工。

光扣钱也就算了，而且一点业余时间都没有，好不容易有个假期，要么是被逼着去做营销、去扫楼，要么就是被抓着去参加一些什么用都没有的培训，还动不动就要考试，考不好还要被批评，还要扣钱。

基层金融从业者看到中小学生抱怨钉钉，简直露出不屑的笑容：就这？

而且光扣钱、光学习也就罢了，很多金融机构已经发展成坑自己的基层员工了。

什么意思？

很多机构开始大量降低标准招聘基层员工，然后招进来之后先让员工自己买一堆产品，然后发动员工拉着自己的亲戚、朋友、同学买一堆产品，价值榨干之后就可以把员工干掉了。

金融行业就是这么赤裸裸，只要能赚钱，只要能完成业绩，什么事情都可以做。

而且吧，其实你去做这样的工作，根本都不需要你是学金融专业的，实际上基层金融工作者学啥专业的都有，金融机构也不在乎，反正干的是销售的活儿，也用不着你学金融。

做销售，只看业绩，金融知识和学历如果对于业绩没有帮助，那就只是装饰。

很多银行的分支行行长都是学历不高的人，但是人家有资源、有关系、有业绩，手下一堆高学历的人还得天天听他水平不高的训话，但没办法，金融业就是靠业绩说话。

很多学历爆高的高才生往金融机构底层跑我看着都心疼，这些工作考验的是销售技巧，根本不是你的学识储备，这就等于你掌握了微积分还要和很多普通人比背九九乘法表，很荒谬。

况且，你还真不一定比得过别人，九九乘法表要的是嘴速，不需要很多的知识。

放弃自己的优势资源，去做劣势的工作，其实性价比不高，考公务员都要比这个性价比高100倍。

另外，金融机构基层岗坐久了，由于很多事情太让人恶心，压力又太大，很容易出现一些负面情绪，从而导致抑郁。

外人以为的光鲜亮丽背后，其实是负重前行。

这时候你要问了：年入百万的金融大佬有吗？

当然有啦，而且有不少。但这些人，往往都是金融机构的中高层，以及投行的核心岗位。

那这时候有人问了：如何才能成为这种人？

过去三十年，的确有很多白手起家的金融人才，但那是时代的机遇。

现在，金融机构的中高层，在 99% 的情况下是看资源，而 1% 的情况是通过自身的努力攀上了有资源者的高枝。

不然凭什么晋升一个啥都没有的普通人呢？

如何进入投行，成为大牛？

顶级机构的核心岗位只需要两种人。

第一种，有资源的，入职就能带着项目进来的。这些人是爹，他们来上班就是给公司面子。金融本质就是调配资源吃差价，是资源驱动的行业，能够供给资源的人，自然就是亲爹。

一般都是各种二代，人家本质上就是来资源变现的，只不过金融行业很适合利益交换而已。

只要你是二代，金融行业就欢迎你的加入，和其他二代们一起快乐地多人配合，赚得盆满钵满。

各个金融机构里的关系户是老板都不敢惹的存在，资本是很现实的。

但这里要注意的是，他们收入高不是因为金融牛，是因为他们本身就牛，不管干什么，有资源的都牛。

第二种，能干活儿的，要求特别能吃苦，特别聪明，专业性特别强，能够帮助机构把二代们的资源变成钱。

这其实就是大多数人梦想中的金融工作。这类工作特别吃学历，不是顶级的学校＋顶级机构的实习经历，基本没有机会入行，人家根本看都不看你。

不管你有多大本事，你入行都入不了。为啥？因为供大于求，顶级机构一年就招一丁点人，并且大部分都是内定的二代。

但是学金融的普通人太多了，所以导致机构可以随意提高标准，反正不管怎么过分，都一定是供大于求的。

我甚至见过有人直接笑着随机拒绝简历的，说不喜欢运气不好的人，原来我一直觉得这可能只是个段子，但是在金融行业，这挺现实的。

前段时间爆出来的有人冒充顶级机构招聘的名义，左手替国外留学生接作业单，右手骗学生来做作业，当中间商赚差价。

这人怎么能实现这种操作？因为想入行的人太多太多了，嗷嗷待哺的金融专业学生不肯放弃任何一点机会，哪怕可能被骗。

当然，其实我个人觉得这个当中间商的人挺适合做金融的，不仅操作具有想象力、执行力强，最重要的是道德感弱，真的是完美的金融苦力。

做金融，想要钱就不能太要脸，任何离钱近的行业，都是水很深的。

有朋友问 CFA 对于进入投行有没有帮助，只能说各种 CFA 培训机构把这个证都快夸上天了，实际上没那么有用。

CFA 其实就是代表你大概有金融硕士的知识储备，不代表你能靠这个找到工作。这东西属于锦上添花，当大家硬指标差不多，这个或许能有点用。但别的硬指标不够，想靠这个进顶级机构，那还是洗洗睡吧。身材好都比这个靠谱。别笑，很多机构招人到最后就是看脸，这人看着顺眼，就要了。

多说一句，你在金融机构里的日常工作，大多数都用不到你学的金融知识，但是金融工作需要你有比较强的学习能力，这也是为什么金融吃学历，因为高考证明了你的学习能力。

至于你学的是什么专业，说真的，不是特别重要。

当然，任何机构都不是只有核心岗的。顶级机构也有大量的打杂岗以及普通生产岗。

普通生产岗一般以做资料整理的 Copy Boy，以做数据分析的 SQL /R/ Excel Boy，以及以各路喜欢写小说的分析师 PPT Boy 等岗位为主。

这些岗位对于学历也有硬要求，但对于是不是金融学并不完全要求，实际上统计学、数学以及金融工程学的人更受欢迎，因为来了就能上手干活儿。

对，能干金融活儿的主力专业，并不是传统意义上的金融学，你气不气？

国内当前开设的金融类和经济类专业主要偏研究类和学术类的，并没有真正的生产力。

财务、法务不用多说了，他们有专门的对口专业。

打杂岗，例如前台、行政，这种对于金融知识的要求也不高，对于学历的要求一般般。

但是吧，这些人普遍家里都不一般。或许到不了二代的级别，但基本都是小二代，或者是公司内部的关系户。

毕竟顶级机构的名声在外，肥水不流外人田嘛。想进入顶级机构，除非你是极少数的天选之子，不然往往靠的不是你努力，而是你上一辈努力。所以我才一直不太建议什么都没有的普通人报金融专业，这专业的就业门槛有点高。

如果你家里有资源或者人脉，或者不缺钱，就是想体面，那学金融很好，但其实不学金融也不耽误你干金融。

如果你就是普通人想要改变命运，但是学习成绩又不是特别顶尖，人也不是特别活泛的，真的不建议学金融。

对大多数普通人而言，应该报考的是能掌握一门手艺拿来就能入职的专业，这才比较现实。

计算机要比金融靠谱多了。

因为金融这行业，金融专业能干的，别的专业都能干，这就很尴尬了。

而有些行业，对口专业能干的，金融专业干不了。当然，营销类专业也面临着类似的问题，所以在选专业的时候一定要考虑一个兼容性的问题。

当然，你如果硬要问：一个完全的普通人，也没有什么很好的学历、资源、背景，还是想做金融，想年薪百万，是不是一定不可能？

坦率地说，那还是有可能的。目前已知的成功案例，就是卖保险了。

别看不起卖保险的，能把保险卖出花的都是真正的顶级人才，学历根本反映不了人家的硬实力。

但这里的问题是，这也是人牛，不是金融牛。

人家有这个能力和亲和力干什么行业都会牛，只不过恰巧是干了金融而已。

实际上在金融圈混得好的，基本都是资源牛或者人牛，而不是靠学金融牛的。

看到这里，你的金融梦是不是已经碎了？

但这也不是我的本意。我并不是要把金融一棍子打死，国内金融从业者这么多，难道不活了吗？

实际上银行、保险、证券辛苦归辛苦，收入或许不高但也饿不死你，尤其是在绝大多数地方，这种行业多少还是有点社会认可度的，而且很多小地方，金融是为数不多给你缴纳社保五险一金的正规行业。

当然这不是他们心善，而是因为总是被盯着。

我只是想干掉你对于金融专业和金融行业不切实际的幻想。我想让你调整不切实际的期望，让你自己衡量你的现状，然后来思考你到底适合不适合。

如果你家里没钱没势，自己也没有顶级学历，那么还是不要对金融行业抱有幻想了。

如果不幸学了金融，放轻松心态，正常去中小金融机构或者银行保险证券的普通岗也没啥不好的。每年还招那么多管培生呢，虽然大部分管培生也没那么光鲜，但对比很多行业，已经算不错了。

有人就想安安稳稳当个小职员，工作得过且过，那其实也挺好的。只要不怀着暴富的心态，做金融不是什么坏事儿，只是别去神化金融了，这就是一个端碗吃饭的普通行业。

至于有人教你什么金融思维之类的，那都是瞎扯淡，骗钱的。这种东西你买本基本教材，认认真真读完，基础知识就够了，根本不需要人教。

而且，金融思维本质上就是完整的控制风险、资源调配、利益最大化的策略思维。这东西不是能被教出来的，是要靠实践，要被社会毒打打出来的。

很多学历不高的商人，一辈子不懂金融，连"金融思维"这个词都不知道，但是被商海暴打几十年，非常清楚知道如何趋利避害，如何保障现金流，乃至如何合理调配资源。真要实战起来，人家可以把任意的金融学才子按在墙上捅成筛子。

实践出真知，这话虽然被说滥了，但就是有道理。

所以朋友们，心态放平和，期待值放低，对这个世界张开怀抱吧。因为根据物理学原理，接触面积越大，单点压强越低。

翻译过来就是，只要你张开怀抱，躺好，挨打的时候，就不会特别痛。反正都要挨打，让自己舒服点，也没啥不好。

这，就是生活的智慧。

如何科学理解智商税

1

今天和大家谈一个话题——智商税。

这个词其实已经被大家用滥了，我觉得社会上有乱用"智商税"这个词的趋势。很多人但凡看到自己看不惯或者看不懂的事情，就统统扣上智商税的帽子。

这个其实不对。

消费不等同于一定是智商税，实际上智商税是一个"动态"且"相对"的概念，对于不同的人而言，智商税的定义是完全不同的。

所以今天，我打算手把手教你如何科学认识智商税。有效区分智商税，对于生活大有帮助。不是说你可以逃过去，只是说你可以死得明白点。

2

我把智商税的判定分为四层，分别是目的、成本、因果、心态。这四层是环环相扣的，我称之为"花钱灵魂四问"。

一问自己花钱后是否达到了目的。

二问达到目的消耗了多少成本，占自己资产的多少。

三问达到目的和花钱之间是否存在因果，有没有可能达到目的不用花钱。

四问自己是否获得了长期的心理满足，花钱爽了吗。

来，我用案例来给大家做讲解。

3

先讲成本和目的。

大家思考一个问题：钻石这个东西，到底是不是智商税？

给你三秒来思考，1，2，3。

我们都知道，实际上钻石这东西是完全不值钱的。想想看，你在珠宝店买了黄金他们会回收，但是你买了钻石人家可是不会回收的，甚至服务好的珠宝店，一定时间内钻石掉了还会提供重新镶钻的服务，这就很简单地证明了这东西的价值极为魔幻。

可以说，钻石完全是靠爱情营销和垄断生产来人为控制价格的。你只要简单百度一下，就能轻松获取钻石营销的来龙去脉，都是公开信息，很多营销课都喜欢拿钻石作为经典的营销案例来装腔。

虽然钻石这东西很玄妙，但买钻石，一定等同于智商税吗？

未必。

好好听，好好学，朋友们。

买钻石是否等同于智商税，取决于你有没有钱，以及买钻石的目的。

假如你没什么钱，你就是想要一颗钻石来装腔，那很显然，这对你而言就是智商税。

你买钻石的目的是装腔，但是你本身由于没有什么钱，所以一颗钻石并不能让你达到目的，别人会怀疑你买的是假的。想想看，你整天穷酸得不行，手上戴着个晃瞎眼的东西，除非你是rapper（说唱歌手），不然这个场景都会很滑稽。

假如你没什么钱，但是你面临着要结婚，你的另一半一定要一个钻石戒指，你别管她到底为什么要，反正就是一定要。那这时候你买钻石，目的就变成了拯救自己的婚姻。

在这个场景下，只要你通过买钻石达成了目的，哪怕倾家荡产，也不能算智商税。

看到这里有同学就要问了：不是说达成目的后要衡量成本吗？怎么就不算智商税了？

问得好，同学，你认真思考了。

在上面的这个案例里，确实是存在智商税，但不是买钻石这件事儿，而是娶一个要求你倾家荡产去买一颗对生活毫无用处的钻石来讨她欢心的人，这个是智商税。

要找准对象。

4

回到钻石的案例，我们继续延伸。

假如你很有钱，但你依然想要一颗钻石装腔，那么，首先作为一个有钱人，拿钻石装腔是存在可能性的，你需要评估的是你为这颗钻石耗费了多少成本。

你买了一颗还不错的钻石，假如是50万，但是你的资产已经有数千万乃至上亿，那么买钻石这件事情由于成本过低，所以对你来说与智商税无关，这就和普通人买大蒜一样。

不会有人因为你去市场买大蒜贵了几毛钱就嘲讽你的。

当然，一个有钱人拿50万的钻石装腔，这虽然不是智商税，但或许是智商有问题，因为当你足够有钱的时候，你戴假货别人也会认为是真货。

智商税是不是和千层饼一样有趣？

我们继续看钻石，看有钱人。假如一个有钱人花了50万买了颗钻石，但是是送给一位女士的，而这位女士一开心就能帮他拿下一个项目，让他净赚一个小目标。那么这时候，这颗钻石对于这人而言不仅不是智商税，甚至是性价比极高的精打细算。当然，对那个女士而言，这颗钻石就成了智商税。

所以你看，钻石本身是没有价值的，但存在智商税。但是买钻石这件事情，由于成本和目的的不同，智商税是在不同的角色间反复横跳的。

理论上，只要一个人在他能够承受的成本范围内，购买到了他想要的东西，那就是合理的。

只要你以合理的成本达成了目的，不管这件事情本身多么无聊，我们都不能说你被收了智商税。

5

我们再来看一个案例，名贵的机械表——注意，我说的是名贵的，不是千百块的小玩意儿——是智商税吗？

假如你只是个普通人，你想靠这块名贵的机械表看时间，那真是脑子有病，手机啥不能做？而且普通人戴表还会被认为是假表。

假如你不在意机械表值钱不值钱，你就是欣赏这种人类手工工艺的巅峰艺术，想要收藏，你自己很清楚这东西可能别人不认，但你就是自己开心，你不在乎，那你就是机械朋克。智商税与你无关，因为你目的达到了，即使花钱有可能超过了一定的限度，但你已经完成了第三层和第四层，机械表帮你达到了目的，且你心态爽，这就够了。

这叫为爱好烧钱，就和死宅为塑料小人倾家荡产一样，令人肃然起敬。

我们再举第三个例子，篮球鞋。

球鞋是不是智商税？

一个热爱球鞋的人买了一屋子的球鞋，这到底是不是智商税？

如果一个人本身很有钱，就是喜欢球鞋文化，穿不穿都不重要，价格涨还是跌他也不在乎，只是想拥有而已，这不叫智商税，这叫个人爱好。

如果一个人本身没什么钱，但就是非常喜欢球鞋文化，尽管全身上下只有鞋值钱，买了鞋这个月得吃土。这也不是智商税，千金难买我乐意嘛。只要人家自己知道自己在做什么，并且乐意，那就够了。

只要不找我借钱，关我什么屁事。

假如一个年轻人没什么钱，就是想天天穿不一样的鞋来装腔，这就叫智商税了。

问题出在哪里？不是出在买鞋，而是出在"买鞋的目的"。

因为鞋这个东西没法装腔，不会有两个人见面先跪下来看看对方的鞋是不是有细节、有没有味儿，在脚臭的芬芳中感受文化的气息。

既然不会趴下看，那其实穿真穿假本身就没有什么区别，他应该去找一些神奇的店铺，买一些工业发展的伟大成果，反正从外观上也看不出什么，毕竟官方门店都不支持鉴定的。

在这种注定没有意义的事情上花钱，而且自己还没钱，那就是智商税了。

如果一个年轻人打算炒鞋赚钱，那么这个叫不叫智商税，要进一步分析。

如果他本身能够掌握大量的黄牛资源，精准知道自己在干什么，也知道行业的现状，包括真假问题，但是有完整的炒作策略、信息来源、货物渠道，联手坐庄，这个叫作投机。

尽管在我看来炒标准工业品这件事情本身挺魔幻的，但是只要真的赚到钱了，那也还是牛的，是聪明人。

如果他啥都不懂，就以为搞这个能赚钱，闷着头冲进来买买买，那也不叫智商税，叫智障。

当然，如果他特别疯狂地忽悠别人来，自己啥都不干，就是拉人头赚提成，这叫聪明。

这种聪明人是不蠢，就是坏。

6

讲到这里，成本和目的大家差不多都理解了，这时候我要着重讲第三个点：因果。

什么叫因果？

其实就是即使你支出了成本，也达到了目的，但是成本和目的之间有没有明确的关系，是否不支出或者少支出也可以达到目的。在某种程度上，可以理解为一种信息差，因果包含信息差。

如果因果不完整，那么目的和成本都没有意义。

是不是觉得开始头疼了？没关系，"割韭菜"的人就爱欺负不爱思考的人。

我是极其讨厌成功学和鸡汤的，在各种公开场合公开撑过成功学。

为什么？

人们去学成功学的目的是什么？是期望能从中得到世俗意义上的成功。

但是成功学，本质上是因果颠倒的一门学科。正常的因果是因为所以，成功学是所以因为。

成功学的特点是因为你成功了，所以把你干的事情都总结成了经验。但实际上你的成功和这些破事儿可能完全无关，甚至关键的成功点都是见不得光的。

照着这样的阉割秘籍去练武，不练你个半身不遂都对不起你的学费。

因为因果颠倒，所以交一堆钱去学成功学是交智商税。

但是那些卖成功学的人，人家可清醒着呢。

这是一个因果颠倒的案例，我们再来讲另一个因果无关的案例——知识付费。

很多知识付费课程里讲的东西都很玄学，好像你学了就能变好一样。但实际上，一个人变好的因素是很多的，和课程本身未必有关系。

一个人的提升是很复杂的一个工程，单一影响因子和最终结果的关联是很难被挂钩的。

举个简单的例子，各种号称让你升职加薪的课程，最后你升职加薪成功了，到底是不是因为买了这个课程呢？这其实是很难被验证的。

可能你升职加薪是因为升职加薪课程，可能只是老板看你顺眼，可能其实是公司制度普调，可能是你在外面看机会被老板发现了但是还用得上你。各种可能性都有，你并不能真的把花钱买课和升职加薪的因果链串联起来。

你没有办法把成功的果，归因于课程的因。这不像你买东西吃，一定可以让你解除饥饿这么简单直接。

懂了吗？

从因果上，很多消费是没有办法证明花钱一定对于实现目的是有帮助的。

再举个例子，咖啡减肥法。

说的是控制饮食，配合合理运动，配合多喝咖啡，可以减肥。但这里面的变量是失控的，你不知道瘦下来到底是因为咖啡还是因为运动和控制饮食。

实际上，如果你不喝咖啡，单靠控制饮食和运动，也可以减肥。甚至你不运动，单靠控制饮食，也可以减肥。

在这种情况下，如果你买了别人的咖啡减肥套餐或者课程，那就是交智商税了。

为无法确认的目的付费，可以作为智商税的鉴定方式之一。

7

看到这里，相信你已经熟练掌握了前三问。

通过不断的练习和实践，你会惊讶地发现你日常中大部分的额外消费，都或多或少地带了智商税的气息。你会对这个无时无刻不在割智商税的消费主义世界绝望。

不要怕，半佛老师就要教你防范智商税的核心要义了。

那就是第四问：心态。

通过快速调整自己的心态以及目的，从而达到让自己避免被收智商税的方法。

最基础的心态就是"我很穷，我没有钱"。每月强制把钱存起来，多一分都不花，哪怕是挨饿硬抗。

面对一切超出正常生理需求和社交需求的消费，统统拒绝，反复默念"我很穷，我没有钱，只要我足够穷，智商税就追不上我"。

当然，我们说的正常生理需求是指吃喝拉撒，不包含娱乐消费。

中阶的心态修炼是，快速调整自己的目的，并且说服自己相信自己达到了原有的目的。

例如，当你买了各种知识付费课程发现一点用都没有的时候，你可以告诉自己其实自己买这些是为了改善睡眠，所以钱花得值，前提是不要手贱上闲鱼。

当你买了一个 Kindle 却不看书的时候，你可以告诉自己这个泡面盖特别合适，而且泡出来的是知识的面、智慧的面。

当你给老婆买一堆你知道没啥用但很贵的面膜的时候，你可以告诉自己，这不是买面膜，而是买一张让她闭嘴不动二十分钟的神奇贴纸，你就会觉得无比划算。

中阶的心态调整，也可以叫作精神胜利法，只要你足够乐观，你就可以重新定义智商税。

而高阶的心态，就是正面拥抱智商税，放宽心，在哪里跌倒，就在哪里躺下。

嗯，智商税是无可避免的，不骗自己了，也不纠结过去被收的智商税了，收了就是收了，不纠结沉没成本。

该吃吃，该喝喝，啥事儿别往心里搁，一切往前看，努力继续赚钱。

谁还不是被这个世界按在地上揍的？逃不掉，那就享受吧。

健身房为何频频跑路

大家都知道，成年人的世界里除了长膘，没有什么特别容易的事情。

就这唯一一件容易的事情，还总是让人像穿了毛线编织的内裤一样感觉刺挠。

众所周知，我是一个胖子，最近在减肥。

每次我出去夜跑经过健身房的时候，那些发传单的人都像饿狼一样用饥渴的眼神盯着我，仿佛跑过去的是一堆钞票，那种含情脉脉的眼神盯得我屁股疼。于是我办了一张卡，然后大概过了一个月，这家健身房就跑了。

这些年随着健身文化的兴起，各类营销号开始各种鼓吹身材管理是成功人士标配，不健身就是失败，身材失控，人生失控云云，让人看着都很生气。

与这些论调对应的，是各类健身房、健身品牌如雨后春笋般冒了出来，很多瘦得和猴一样的所谓健身教练卖卡卖课赚得盆满钵满，跑路时更是身姿矫健。

在我看来，健身房跑路是非常正常的一件事情。为什么这么说？

第一，健身本身是反人性的，绝大多数人无法长期健身。

对于健身办卡和请私教这件事情，我一直都是旗帜鲜明地希望大家好好掂量掂量的，或者更直接一点，我认为大多数人根本不需要办卡和请私教。

不不不，我不是说你不需要健身，我是说你不需要办卡和请私教。

为什么？因为健身是反人性的。你花了钱，小概率回报惊人，大概率是去不了几次就完犊子了，最后就是钱打水漂了。

看到这里，你可能想反驳，明明人们都喜欢追逐美，都喜欢让自己变得更好，大家看着肌肉和好身材都会流口水，凭什么说健身是反人性的呢？

因为人性就是贪嗔痴懒馋。惰性是刻在人基因里的东西，葛优躺才是人类最通用的广播体操。任何违背让人贪嗔痴懒馋的东西，都注定是难以维持的。

而健身这件事情，需要的不是所谓的健身房和私教，需要的是长期坚持锻炼，严格控制饮食，还要作息规律，基本上是把人性的快乐按在墙上用马桶搋子打。

一次、两次、三次还行，时间久了，你身体里那个代表人性的死胖子就会抗议，质问你：活着已经这么惨了，干吗不对自己好一点呢？你费尽心思进化了这么多年站上了食物链的顶端，天天吃鸡胸肉和草内心难道不委屈吗？

关键是你仔细一想，发现这死胖子说的还真有道理。

我控制饮食的时候，经常分不清自己晚上到底是睡着了，还是饿昏过去了。

只要有几次你没忍住自己内心的声音，你的健身之路就掉进了下水道。

间歇性打鸡血，持续性混吃等死才是人类的最爱。

我从 240 斤瘦到 130 斤的时候，那是真的不把自己当人，现在胖到 200 斤了，确实是不好看了，但这个胖的过程，有一说一，是真的快乐。

每当有人问我买什么健身设备的时候，我都建议大家先逛逛闲鱼，看看上面健身卡转让、各种二手健身器材转卖，以及各种极为真实的买家秀，对你的决策会有很大帮助，还有很多是健身房倒闭清仓的，特别真实。

如果这都不能劝退，我一般建议大家挑体积比较大的买，因为这样的设备可以一次性挂更多的衣服，更实用。后面卖废铁的时候，也能回更多血。

其实我很认可健身的价值，也很认可人类可贵的品质就是对抗本能，但这里就出现了非常尴尬的两件事。

其一，绝大多数人是没有能力对抗本能的，能够做到特别强的自我约束本能冲动以及贪图享乐的人绝对是少数中的少数，很多人说自己只会努力没有天赋，但是能持续地努力本身就是难得的天赋。

其二，假如你是万里挑一的自控力强劲的人，你想让自己变得更健康，想有一个好身材，你并不一定需要去健身房呀，更不一定需要请私教。

食谱各大网站都烂大街了，锻炼方法从书籍到B站视频应有尽有，只要你能坚持，一样可以有效果，因为重点在于毅力不在于方法。

你努力，和健身房有啥关系？你不需要掏钱啊。

而当你坚持到一定程度之后，或许会有进一步被专业指导的需求，这时候，你才算是一个典型的硬核健身用户。而这样的人，数量太少了。

事实上，国内顶级的硬核健身用户，还是得到各大城市的公园里面去找，那些大爷大妈才是真正的高手。每次我去公园看他们在秀，我都恨不得跪下来拜师。

第二，健身是一个门槛极高的事情，国内目前不具备健身房大规模生存的土壤。

很多人说健身房在欧美怎么怎么流行，做得怎么怎么大，所以国内也有大量的机会。这属于典型的认知偏差，按照这个逻辑，小罐茶终将助力美国成为茶叶大国。

健身房存在的土壤是什么？

首先是要有足够的经济条件。

健身是非常烧钱的一件事情，健身房的年卡普遍都不便宜，私教的价格更是上天，各种蛋白粉以及补剂的价格对大多数人而言还是要掂量一下的。

当然，穷也有穷的玩法，可以自己练，玩徒手健身，不吃任何额外的补剂，在网上学习之后自己做，那这又和健身房没啥关系了。

这些人对于健身房一点用处都没有，撑死了办张最便宜的卡，也不会买私教课。

其次是要有足够的时间。

每天几个小时在健身房挥汗如雨，即使不考虑毅力和金钱的问题，时间成本就是个大问题。当代职场人哪个不是每天被工作弄得死去活来？老板给你发点工资恨不得让给你屁股上抹上502直接粘死在工位上，每天下班之后往床上一躺感觉已经被生活捅了好几个窟窿，这时候还想健身？

别逗了，我要和我的床永不分离。

而且，对于大量被生活榨干的职场人而言，最重要的是先把睡眠补足，把高油高脂的夜宵给戒掉，而不是去加大力度健身。

觉都睡不够，饮食都不控制，还去健身，很容易给自己的身体弄出大问题。我以前去完健身房就经常觉得屁股疼，很邪门。

学生群体稍微好一点，每天拿出固定时间比较容易。但学生群体一是没太多钱，二是舍友开黑、姐妹逛街、大家一起吃火锅不香吗？

最后，健身需要足够的舆论包容。

国外有些国家由于肥胖率过高，满大街都是奇形怪状的胖子，导致大家对于肥胖已经是习以为常了。

大码人士在国外不要太多，大家不会有什么特殊的眼光，一个胖子而已。

而在国内，如果一个胖子出现在健身房里，那么整个健身房的人都会带着奇怪的笑容来审视他，更别提健身教练了。

我每次在健身房的跑步机上跑的时候，身后起码得有四个壮汉盯着我，要卖各种私教课给我。

作为一个男人，这种背后被一群男人看着的感觉，真的不太好。

他们要来就来，不要在这里光看着我，挺吓人的。

足够有钱，足够有闲，足够大的包容度，这些是健身房存在的土壤。目前这片土壤，是非常贫瘠的。

结合一和二，可以看出虽然健身是大众的需求，但健身房不是。健身房是极为小众的需求，有时间、有钱、有毅力光顾健身房的人，只是少数中的少数。

这就和雀巢的速溶咖啡卖得很好，但是精品咖啡店开一家倒一家一样，对产品有需求，和愿意为行业掏钱，不是一个概念。

你们以为小罐茶是在卖茶叶吗？他们本质卖的是礼品界的一般等价物，所以才能活得不错。

一和二的现实，直接导致了第三点：健身房的成本过高，流水难以支撑运营预付模式，无法跑通。

先给大家科普一个简单的商业常识，一家公司没有利润不一定死，但是没有现金流则一定会死，利润只是公司的脂肪，现金流才是公司的血液。

亚马逊、京东、拼多多这么多年不盈利，但是生意越做越大，估值越来越高，老板越来越有钱，就是因为它们作为平台方可以无偿使用买卖双方的沉淀资金，只要有流水、有账期，就一定不会出问题。

很多考研、考公培训号称考不上退款也是这个逻辑，只要占用住你的资金，就足够活下去了。

而健身房的尴尬在于，它们完全没办法跑出现金流，所以死得特别快。

可能你觉得不对，明明很多健身房的健身卡都是一年、两年、五年甚至终生起卖的呀，这不是一下子就回笼资金了吗？理发店、美容院、牙科医院、整形医院不都是这么干的吗？怎么会现金流不好呢？

问得好，这里就要好好解释了。

先说为什么理发店、美容院、牙科医院这种预付卡模式会支撑得比较久。

因为客单价高，因为消耗这些预付款很轻松。

客单价高就不解释了，烫个头大几百上千元都不罕见。

我当年上学的时候一周一个发色，两周一个发型，人称"胖鸡赛亚人""杀马特死胖子"，后来那家店跑路了，我还有一万多块没有消耗掉，刚好我最后一个发色是绿色，我又特别抠，所以后来我的绰号是"大码西蓝花"。

这不重要，重要的是，你在理发店、美容院这些地方消耗预付款的过程很轻松，你往那里人一躺眼一闭就行了。

而健身房不行，你得自己动，你得累得和狗一样满身大汗。

这是本质的不同。

当你充值了其他服务的预付卡的时候，你再去消费的时候不会有心理负担。

当你买了健身卡之后，你会告诉自己："我已经花钱办卡了，为什么还要浪费时间和体力？我花了钱，还得自己动，有没有道理了？我已经这么惨了，干吗还要更惨，沉没成本了解一下？"

外加上面说的人的惰性和健身的高门槛，大家买了卡但不去的现象太多太多了。

看到这里你可能又有质疑：反正健身房钱都收回来了，客人不来不是刚好白捡钱吗？这么好的事情怎么可能撑不下去呢？这就涉及另一个问题，就是健身房的成本与盈利。

先说成本。

开一家健身房的投入成本是非常高的，一个合格的健身房，要租很大的门面，这就是巨大的租金成本，而且健身房都得开在综合体或者商圈或者白领辐射区，不然根本没人来，而这些地方的租金普遍非常"感人"。

这没办法，开在荒郊野岭的健身房更恐怖，之前我贪便宜买了一张郊区的健身房的卡，大晚上就我一个人在里面挥汗如雨，场面是十分恐怖的。尤其是有一次突然停电，我以为闹鬼了，发出了女孩一样的尖叫，然后几个保安以为有人要流氓，冲进来掏出防暴棍就把我按在地上打了一顿。

除了租金成本，健身房的装修费用巨高，那些商用的健身器材是什么价格大家可以自己上网搜一下，一台跑步机动辄上万，装满一屋子的器材，这个费用是很夸张的。而且不同于普通店铺的消耗，健身房的设备都是"电老虎"，提供沐浴和游泳池的健身房，还是一个"水耗子"，健身房都是商用水电计价，再算上员工工资，运营成本很高。

残酷的真相是，健身房的年卡，在你看来已经很贵了，但其实，光靠卖年卡，健身房真的是赔钱的。

如果你足够牛，办了年卡之后天天去免费洗澡，坚决不买课，大概率你是能把你的卡钱给洗回来的。

更朋克一些的，可以一张卡一群人用，大家分不同时间进去锻炼洗澡，这才是真正的"洗钱"。

健身房想赚钱，靠卖卡是不行的，必须是靠卖私教课。卖私教课，先不说劝服人吧，得你人先到现场才能进行劝服吧？

现在的问题是，大家都不来，办了卡的也不来，你去忽悠谁？

即使人来了，就四种人：一种是葛优躺玩家，根本不常来，不买；一种是洗澡玩家，根本不听你忽悠，不买；一种是硬核玩家，比你还专业，不买；最后一种才是既会来，又不太有主见、会被忽悠的人，这批人太小众了。

房租居高不下，运营成本上天，但是收入极为有限，买卡之后大部分人都不来，想骗都没法骗，这种打不平资金流的生意，怎么可能长期维持呢？

如果说上面三个问题只是健身房面临的客观问题，那么接下来要说的是由上述三个问题引发的健身房行业的两大乱象：一个是为了卖课无所不用其极，一个是一开始就冲着跑路来的。

先说第一个，因为卖卡赚不来钱，卖私教课才赚钱，所以引发了销售导向的魔幻行为。

现在健身行业很魔幻的现状是，卖得好的人不一定练得好，练得好的人，不一定卖得好。

很多专业且优秀的教练，快活不下去了。虽然他们懂专业知识，懂技能，会讲课，但是嘴皮子不行，不会卖课。

卖课本质靠的是激发人的冲动消费，专业教练只会对结果负责，不一定会搞销售。

练得好和卖得好是两码事儿。

那些卖课卖得特别好的，未必真的懂健身，更别说什么营养学、人体解剖学了，很多人呢，可能连个教练证都未必有。

那怎么卖课呢？就靠吓唬你，不好好锻炼要得各种病，不跟着他们练容易练废。

只要课卖出，你练得好不好他们是不在意的。这样长期下来，很多练得好但是嘴皮子不好的教练，逐渐就被淘汰了，而由于部分私教过于销售导向，导致整个行业的名声都差，更多专业的教练更过不下去了。

还有私教手脚不干净的，骂学员的，动手的，每出一次幺蛾子，正经教练就难一分。弄得现在一提起私教就是骗子，就是智商税，还有耍流氓，最后大家一起完犊子，提桶跑路。

很尴尬的是，即使是私教这么连哄带骗地卖，其实健身房也未必能活下去。因为大家都小看了人类惰性的强大。

这时候，很多开健身房的就看清楚了一个本质问题。既然本质上都是活不下去，晚死不如早死，早死早超生，何不直接用资金盘的模式来做健身房呢？

如果不想长期经营，只想捞钱的话，健身房是有一种典型的资金盘玩法的。

反正租金一开始只要先交三个月，甚至很多商圈为了招商还有装修免租期，在这个过程中，把大量的设备往里搬，然后就找一堆只吃提成的销售开始卖会员卡和私教课，打着开业打折的名号疯狂倾销。然后赶在开业前或者开业没多久直接带着设备一起跑路，换个地方再来一次。

这样做的好处是，所有设备都可以反复用，一次投入多次骗钱，非常完美。

所以健身房行业有个比较有趣的说法，开业半年以内的健身房要小心，开业五年以上的健身房要小心，开始卖终身卡的也要小心。

仔细想想，这么操作除了缺德并没有特别大的缺点。

真的很荒谬。